형상 모델링을 위한

3D CAD INVENTOR 2020

안아인, 박성용 지음

光文閣
www.kwangmoonkag.co.kr

머리말

1946년에 군용의 탄도 계산, 풍동(風洞)의 설계 계산, 공업용 렌즈의 설계 계산용으로 개발된 진공관 연산 소자를 가진 ENIAC이란 이름을 가진 진공관 컴퓨터 이래 컴퓨터는 놀라운 속도로 발전하고 보급되어 우리의 생활 속에 깊이 뿌리를 내리고 있다.

1955년 MIT공과대학에서 개발된 NC 테이프 작성용 자동 Programming 시스템인 APT(Automatically Programmed Tools)는 이미 설계가 완료된 도면에서 NC Tape를 자동으로 작성하는 것으로, 도형 형상의 기하학적 절삭 경로를 컴퓨터로 처리하는 기술로서 오늘의 CAD/CAM 발전의 모체가 되었다. APT 기술은 미국 MIT에서 서독의 아헨(Aachen)공과대학으로 이전하여 구멍 가공용 EXAPT-I, 선삭용 EXAPT-II, Milling용 EXAPT-III으로 발전하였다. 또한, APT 장기 발전 계획(ALRP)은 1971년에 CAM-I(Computer Aided Manufacturing International)로 조직이 변경되어 3차원 형상 모델링 연구를 추진하는 등 오늘날 3차원 모델링의 근원이 되었다. 이와 같이 NC 계통이 발전함에 따라 미국 거버사는 NC 공작기계의 Cutter 대신 Pen을 사용하여 세계 최초의 자동 제도기를 개발하였다.

초기의 CAD(Computer Aided Design)는 Design의 의미보다는 Drafting의 영역을 벗어나지 못한 정도였으나, 오늘날의 CAD는 고성능 Computer의 지원을 받아 전체, 또는 개개의 설계 업무의 합리화를 추구하는 방향으로 발전하였다. 기계 설계, 조선, 플랜트, 항공기, 자동차 등에 있어서 이들을 설계하는 데에 있어 복잡하게 뒤얽힌 기구 설계의 방대한 양의 구조와 강도 등의 기술적인 계산을 필요로 하는데, 설계의 기본이 되는 시방이나 과거의 설계 사례 등의 Know-How를 미리 Computer에 입력해 두고 모니터 화면에 Dispaly하여 그것을 대화 형식으로 수정, 편집, 작도하는 등의 설계를 진행하게 된다.

수제도 및 설계에 대한 CAD 작업의 효과는
① 제도 작업의 신속화
② 설계의 표준화, 설계 Mistake의 배제
③ 구조 해석, Simulation에 의한 시험 실시(시제품 제작 횟수 감소)
④ 설계, 생산의 정보 연결 등을 들 수 있다.

이 책은 CAD System Package로서 널리 쓰이고 있는 Autodesk사 CAD의 여러 버전 중 최근에 발표된 Inventor 2020을 이용하여 정확하고 효율적인 모델링을 작성하고, 도면을 추출하여 수정 편집할 수 있는 기술을 가능한 한 쉽고 간단하게 기록하였다.

저자의 실무적인 경험과 교육 현장에서 강의를 통해 습득한 기술을 예제를 통하여 실제로 모델링하고, 이를 토대로 도면을 추출하는 방법 등을 순서대로 집필하였으므로 따라 해보며 익힐 수 있도록 하였다. 학생들이 모델링을 하면서 간과했던 미세한 부분까지 섬세하게 집필함으로써 Inventor를 이용한 모델링 기술을 쉽게 익힐 수 있도록 하였으며, 기계 요소들을 KS 산업표준에 맞게 모델링하고 도면화하는 방법 등에 중점을 두어 기록함으로써 Inventor를 이용한 3D 모델링 기술을 습득하는 데 필요한 참고 서적이 될 수 있도록 집필하였다.

출판에 도움을 주신 광문각출판사 박정태 회장님과 임직원들께 진심으로 감사하다는 마음을 전한다.

저자 씀

차례

CHAPTER 03 파트 모델링하기

CHAPTER 04 동력 전달 장치 모델링하기

CHAPTER 05 Inventor 조립

CHAPTER 06 Inventor 도면

Inventor 시작하기

PART 01 Inventor 시작하기

1. 3D 형상 모델링이란?

모든 공학 문제에서 관심이 되는 물체는 3차원 형상으로 되어 있다. 그러므로 실제 공학적인 설계와 해석을 수행하는 과정에서 3차원 모델을 필요로 하다. CAD/CAM 등의 컴퓨터 응용(computer application)에서 3차원의 물체를 표시하는 데 사용되는 기법의 한 가지를 3D 형상 모델링이다. 3D 형상 모델링은 물체의 표면뿐만 아니라 그 내부에 대해서 여러 가지 데이터를 보유하고 선(line)을 조합하여 표현하는 와이어 프레임 모델(wire frame model)이나 면(site)을 조합시켜 물체를 표현하는 서피스 프레임-모델(surface frame model) 등 고도의 처리가 가능하다.

이러한 3차원 모델링을 하기 위한 3D CAD 프로그램은 각 산업 현장 특성에 따라서 각기 다른 프로그램을 사용하고 있다. 디자인 설계, 레이아웃 설계, 연구 개발, 양산 설계, CAM 설계에 따라서 다양한 프로그램이 각 프로그램의 목적에 따라 사용되고 있다.

1) 3차원 형상 모델링의 기능

3차원 CAD 시스템이 일반적으로 가지고 있는 기능은 형상 모델링, 편집, 디스플레이, 시뮬레이션 기능으로 요약된다.

본 교재에서는 형상을 모델링하고, 모델링을 편집할 수 있으며 3D나 2D로 디스플레이하는 기능을 소개하도록 한다.

2. Inventor란?

Autodesk Inventor는 미국 기업 Autodesk에서 1999년에 출시한 3D CAD 소프트웨어이다. Solid Modeling 기반으로 3D 부품 및 조립품 작성, 기계 시스템의 구축 및 분석, 제작 및 조립품을 위한 도면 작성 등의 용도로 사용된다.

3D 기계 설계, 판금 설계, 전기 시스템 설계, 설계 문서화, 시뮬레이션의 기능이 있다. 호환되는 관련 프로그램으로는 AutoCAD, Inventor Nastran, Inventor CAM 등이 있다.

1) Inventor 시스템 요구사항

Inventor 2020, & Inventor Professional 2020 기준

	권장	최소
운영체제	- 64비트 Microsoft® Windows® 10용 1주년 업데이트(버전 1067 이상) - 64비트 Microsoft Windows 8.1 - 64비트 Microsoft Windows 7 SP1(KB4019990 업데이트 포함)	
CPU	3.0GHz 이상, 4개 이상의 코어	2.5GHz 이상
메모리	20GB RAM 이상	8GB RAM (부품 조립품이 500개 미만인 경우)
디스크 공간	설치 프로그램 및 전체 설치: 40GB	
그래픽	4GB GPU, 106GB/S 대역폭 및 DirectX 11 호환	1GB GPU, 29GB/S 대역폭 및 DirectX 11 호환
해상도	3840 x 2160(4K)	1280 x 1024
스프레드시트	Microsoft® Excel	
.NET Framework	.NET Framework Version 4.7 이상	

출처: autodesk.com
https://knowledge.autodesk.com/ko/support/inventor-products/learn-explore/caas/sfdcarticles/sfdcarticles/KOR/System-requirements-for-Autodesk-Inventor-2019.html

3. 3D 좌표

x, y로 이루어진 2D와 달리 3D 좌표는 x, y, z 좌표로 이루어져 있다. 이러한 좌표에 대한 평면을 XY 평면, XZ 평면, YZ 평면이라고 하며 평면, 정면, 측면이라고도 할 수 있다. 이 좌표에 대한 중심점을 원점이라고 하며, 이 원점은 절대 좌표이다.

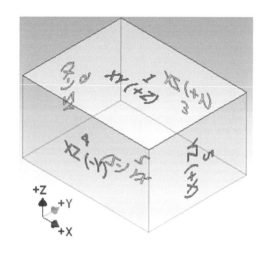

4. 3D 형상 모델링 작업 순서

1) 베이스 피처 생성

3D 형상 모델링을 작업하는 순서는 부품의 형태에 따라 평면이나 정면, 측면을 선택한 후 해당하는 평면(2D)에 스케치를 작성한 후 피처(솔리드)를 생성한다.

평면 선택 ⟶ 스케치 ⟶ 피처 생성

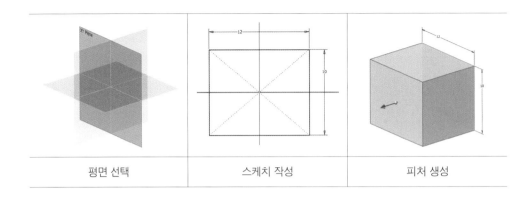

| 평면 선택 | 스케치 작성 | 피처 생성 |

2) 추가 피처 생성

베이스 피처가 생성되었다면, 추가 피처를 생성할 수 있다. 추가 피처를 생성할 때는 작성 명령이나 수정 관련 명령을 사용하거나, 베이스 피처의 면에 스케치를 작성하여 피처를 생성할 수 있다.

부품당 한 파일에서 작업하는 것을 원칙으로 한다.

5. Inventor 3D 형상 모델링의 종류

Inventor에서 3D 형상 모델링 관련하여 작업할 수 있는 내용은 부품(part, 파트), 조립(assembly), 도면(draft), 분해(presentation) 4가지이며 각 별도의 파일로 존재한다.

Inventor에서 부품(part)을 모델링한 후에 도면화(draft)를 작성할 수 있으며, 또는 여러 개의 부품을 모델링(part)한 후에 조립(assembly)을 할 수 있고 조립하거나 분해(Presentation)한 제품을 도면화(draft)할 수 있다.

하나의 제품에 대해 부품, 조립, 도면 등 작업할 수 있으며, 이는 **각 파일마다 링크 구조로 연결**되어 있다. 이때 부품을 도면화한 것을 제작도면, 부품도라고 하며, 조립을 도면화한 것을 조립도, 프리젠테이션을 이용하여 분해 후 도면화한 것이 분해도이다.

6. 템플릿

Inventor에서 제공하는 각 파일에 사용자화 된 템플릿을 작성할 수 있다. 템플릿 파일은 Inventor에서 지정한 폴더에 위치되어 있어야 한다.

별도의 폴더에 템플릿을 보관하여 사용하고 싶다면, 응용 프로그램 옵션에서 템플릿 폴더 위치를 변경하여야 한다.

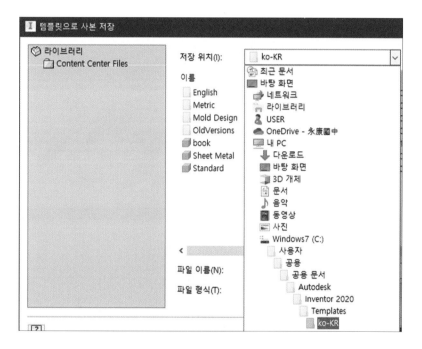

* Inventor에서 템플릿 저장 위치를 알고 싶다면, Inventor 파일을 열고 템플릿 사본저장하여 위치를 파악한다.

7. Inventor 작업 준비

1) Inventor 인터페이스

교재는 Autodesk Inventor Professional 2020 기준으로 작성하였다.

Inventor를 시작하게 되면 아래와 같은 화면이 보인다.

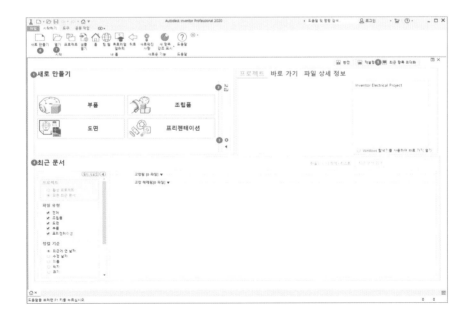

① 새로 만들기: 부품, 조립품, 도면, 프레젠테이션으로 구성되어 있으며, 클릭하면 각 파일을 작성할 수 있다.

② 고급: 별도의 템플릿을 선택할 수 있다.
③ 환경 설정 단추: 단위를 설정할 수 있다.

④ 최근 문서: 최근에 작성하고 저장했던 파일들이 미리 보기로 보인다.
⑤ 최근 항목 최대화: 홈 화면의 구성을 최근 문서로 채울 수 있다.

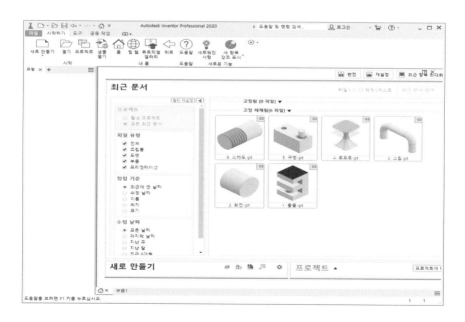

⑥ 새로 만들기: 여러 종류의 템플릿을 선택할 수 있다.

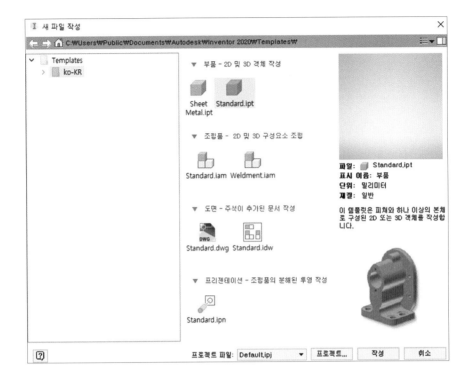

한 번 클릭하면 오른쪽에 설정과 설명이 간략하게 나오고, 더블클릭하면 해당 파일로 연결된다.

* sheetMetal.ipt는 절곡품 모델링 시 사용한다. 일반 부품과 인터페이스가 다르니 혼동되지 않게 주의하여야 한다.

⑦ 열기: 기존 파일을 찾아 불러올 수 있다.

⑧ 홈: 새로만들기, 최근문서 등의 작업을 할 수 있다.

⑨ 새 항목 강조 표시: 버전별로 새로워진 항목에 표시가 된다.

2) 파트 인터페이스

Inventor 화면 구성은 아래와 같이 되어 있다.

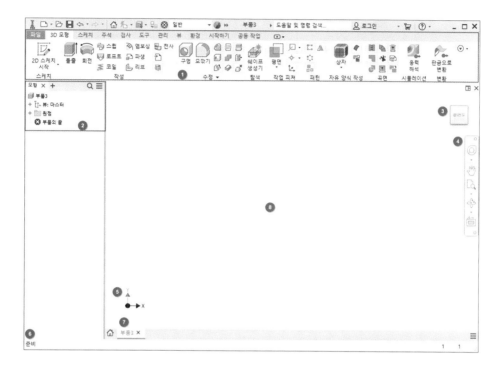

① 리본메뉴막대: 명령

② 모형: 검색기 막대

③ 뷰큐브(Viewcube)

④ 탐색 막대

⑤ 좌표계

⑥ 상태 막대

⑦ 문서 탭

자세한 화면 구성을 살펴보도록 한다.

(1) 리본 메뉴 막대: 명령

- 퀵 메뉴 막대: 빠른 명령

① 파일 크기 조정창

② 새 탭: 새로운 파트, 어셈블리, 도면 등 작업할 수 있다.

③ 업데이트: 파트나 어셈블리를 수정하였는데 반영되지 않았다면 수동으로 업데이트한다.

④ 재질: 부품의 재질을 적용한다.

⑤ 모양: 부품에 색깔 등을 적용한다.

⑥ 도움말: 궁금한 명령어를 작성 후 검색하거나 F1 버튼을 이용하여 도움말을 사용한다.

① 파일탭

① 다른 이름으로 저장: Inventor 파일로 파일 이름만 다르게 저장하거나, 템플릿 파일 저장/Pack and go 할 수 있다.

② 내보내기: Inventor 파일을 3D PDF, PDF, Autocad(.dwg)로 변환할 수 있다.

③ iproperties: 해당 파일의 특성창으로서 부품의 이름, 도면번호 등을 작성할 수 있으며, 부품의 재질을 선정하고 그에 따른 무게를 측정할 수 있다.

④ 옵션: Inventor 옵션 변경 시 사용한다.

② 3D 모형, 스케치 탭

Inventor part창에서 다루도록 한다.

③ 주석 탭

파트 피처에 치수나 공차를 기입하거나, 스케치 치수를 승격하여 3D 주석을
작성한다.

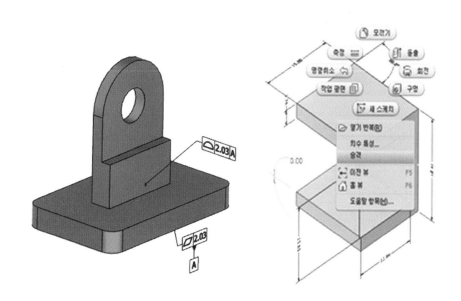

④ 도구 탭

부품을 측정하거나 재질, 색상 등을 설정할 수 있으며, 각종 옵션 사항들이 있
다. 옵션에 관련돼서는 환경 설정(26페이지)에서 다루도록 한다.

⑤ 뷰 탭

① 단면도: 모형을 통과하여 1/2, 1/4 또는 3/4 뷰가 표시되도록 슬라이스 한다.

| 단면 표기 전 | 반단면도 표시 |

② 비주얼 스타일: 모서리 음영 처리나 와이어 프레임 등 구성요소의 비주얼 스타일을 설정할 수 있다. Inventor는 기본적으로 (모서리 표시되지 않음)으로 되어 있으며, 이는 응용 프로그램 옵션 - 화면 표시 - 설정에서 변경할 수 있다.

③ 모양: 그래픽 설정을 변경할 수 있다.

④ 사용자 인터페이스: 기능들을 표시하거나 표시하지 않을 수 있다.

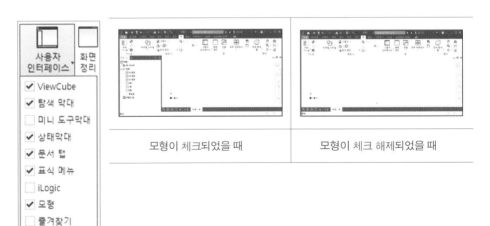

| 모형이 체크되었을 때 | 모형이 체크 해제되었을 때 |

(2) 모형: 검색기 막대

피처 작업 내용이 순차적으로 작성된다.

또한, 기본 원점 평면, 축, 원점의 가시성을 제어할 수 있다.

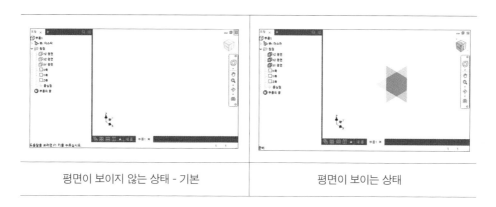

평면이 보이지 않는 상태 - 기본	평면이 보이는 상태

평면을 보이게 하고 싶을 경우, 해당 평면을 클릭 후 우클릭하여 가시성을 체크한다.

(3) 뷰큐브(viewcube)

처음 Inventor 파트를 실행하게 되면 정면도로 뷰큐브가 설정되어 있다. 화면 좌측에 좌표를 보면 XY 평면임을 확인할 수 있다.

이때 뷰큐브에 마우스를 올려놓으면 홈 아이콘과 여러 아이콘이 활성화된다. 뷰큐브에 대해 알아보도록 한다.

① 홈: 홈 버튼을 누르면 등각 투영뷰로 전환
② 화살표: 뷰큐브 및 평면이 변경
③ 화살표: 뷰큐브 및 평면이 90도 회전
④ 뷰큐브 세팅: 뷰큐브의 홈 등을 설정

* 뷰큐브 설정

- 현재 뷰를 홈 뷰로 설정: 원하는 등각 투영뷰를 조절하고 현재 뷰를 홈 뷰로 설정
- 현재 뷰를 다음으로 설정: 측면도나 저면도 등을 정면도나 평면도로 설정할 때 사용

(4) 탐색 막대

① 팬(초점 이동): 화면을 이동
② 줌 전체: 모형의 모든 요소가 그래픽 창 안에 채움
③ 회전: 화면을 회전
④ 보기: 선택한 면을 수직하게 보기
⑤ 탐색 막대 설정: 탐색 막대에 보이는 명령들을 설정

(5) 좌표계

현재 해당되는 좌표를 실시간 보인다.
좌표계는 뷰큐브와 같은 방향으로 움직인다.

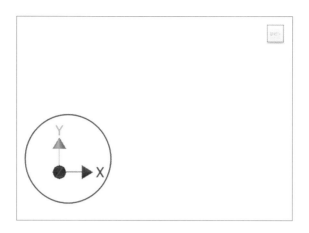

(6) 상태 막대

피처나 스케치 작성의 다음 단계들이 표시된다.

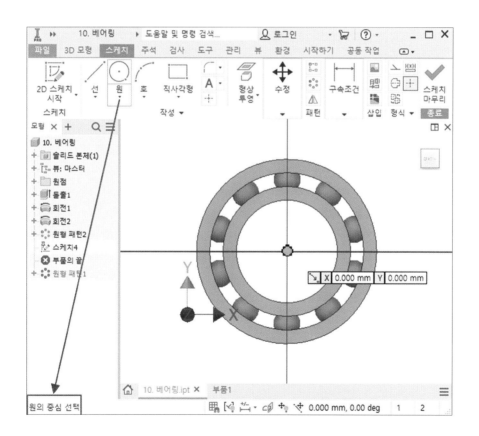

3) 환경 설정

Inventor에서 전체적인 옵션을 제어할 수 있다. 이 교재에서는 응용 프로그램 옵션/문서 설정/사용자화에 대해 알아보도록 한다.

(1) 응용 프로그램 옵션

① 일반

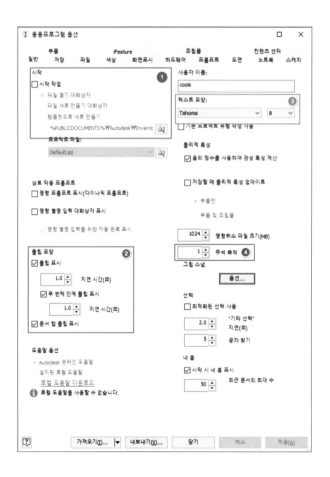

① 시작: Inventor를 처음 활성화할 때 생성되는 첫 화면 설정

② 툴팁: 명령어에 마우스를 대고 있으면 나타나는 설명 설정

| 첫 번째 단계 툴팁 | 두 번째 단계 툴팁 |

③ 텍스트 모양: Inventor에 세팅되어 있는 글꼴 설정

④ 주석 축척: 스케치 치수 따위의 글씨 크기 조정

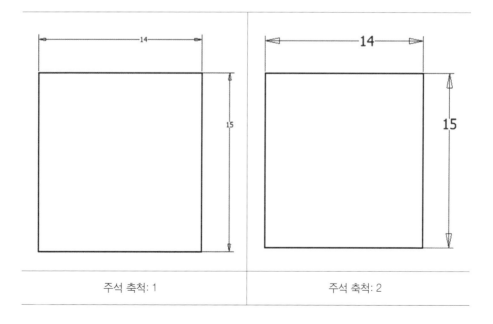

| 주석 축척: 1 | 주석 축척: 2 |

② 색상

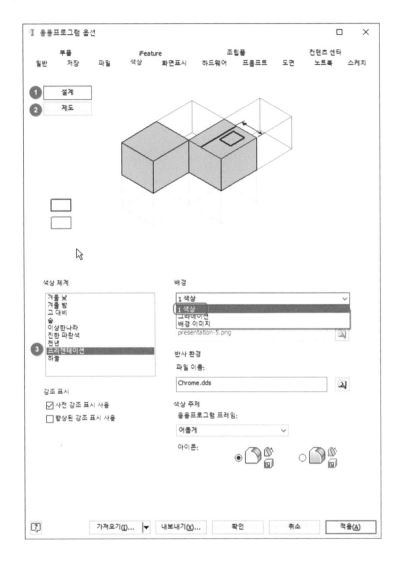

① 설계: 파트, 조립, 프레젠테이션에서의 화면 배경 색상을 선택

② 제도: 도면의 화면 배경 색상을 선택

* 눈의 피로를 줄이기 위하여 기본 색상을 사용하는 것을 권장한다.

③ 프레젠테이션: 하얀 바탕색으로 설정

이때 우측 배경에서 "1 색상"으로 지정 할 때 하얀 배경으로 변경 할 수 있다.

③ 스케치

① 구속 조건 설정: 스케치 완전 정의(구속 조건 및 치수)에 대한 설정이며, 치수에서 "작성 시 치수 편집"과 "입력값에서 치수 설정"을 선택해야 스케치 작업 시 바로 치수를 입력할 수 있다. 선택이 해제되어 있다면, 스케치를 작성 후 치수 명령으로 다시 치수 정의를 해야 한다.

② 화면 표시: 화면 표시에서 "축"은 아래 그림과 같이 수평, 수직인 무한선이다. 굵은 선이 수평을, 얇은 선이 수직을 나타내므로 스케치 수평, 수직 구속 조건에 활용할 수 있다.

③ 헤드업 디스플레이: 헤드업 디스플레이는 스케치 형상을 작성할 때 숫자값
과 각도값을 직접값 입력 상자에 입력할 수 있도록 다이내믹 입력을 활성화
한다.

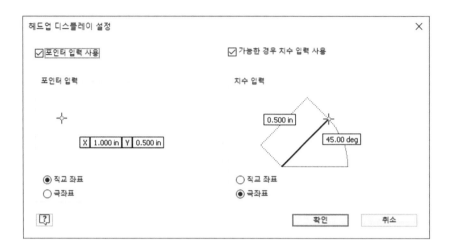

④ 곡선 작성 시 모서리 자동 투영: 새 스케치를 작성할 때 선택된 면의 모서리
를 스케치 평면에 참조 형상으로 자동 투영한다. 자동 투영된 모서리는 닫
힌 루프로 인식될 수 있다.

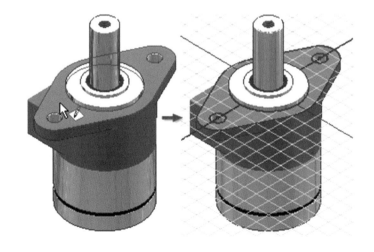

⑤ 스케치 작업 시 스케치 평면 보기: 베이스 피처 작성 후 추가 피처를 형성하기 위해 스케치를 작성할 때의 평면에 대한 설정이다.

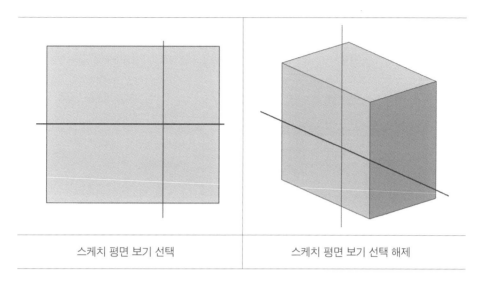

| 스케치 평면 보기 선택 | 스케치 평면 보기 선택 해제 |

⑥ Auto-scale 스케치 형상에 초기 치수: 스케치의 치수를 축척을 자동으로 제어한다.

⑦ 스케치 화면 표시: 음영 처리된 모형을 통해 표시된 스케치의 불투명도 설정은 음영 처리된 모형 형상을 통해 보이는 스케치 형상의 불투명도를 제어한다. 기본 설정은 0%로, 음영 처리된 모형 형상을 통해 스케치 형상이 완전히 가려진다. 음영 처리된 형상을 통해 스케치 형상이 보이도록 하려면 이 값을 변경한다.

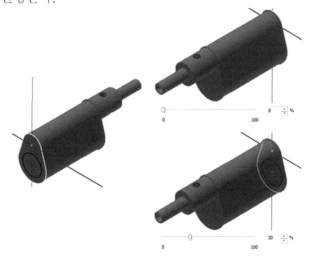

④ 부품

새 부품 작성 시 스케치 : Inventor를 시작하여 파트를 시작할 때 첫 화면에 대한 설정이다.

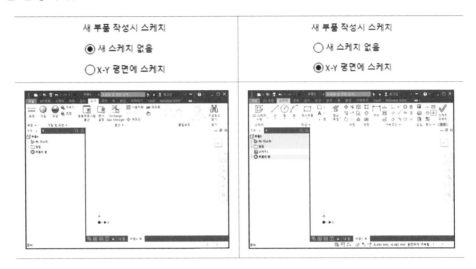

(2) 문서 설정

단위: 단위 설정을 재지정할 수 있다.

(3) 설정 마이그레이션

원하는 버전으로 인터페이스나 옵션을 변경할 수 있다. 변경이 없는 버전으로는 변경할 수 없다.

(4) 사용자화

명령어나 단축키 등을 설정할 수 있다.

① 리본: 명령어 위치 설정

좌측에 있는 명령어들을 우측으로 옮겨 사용자가 원하는 탭에 배치할 수 있다.

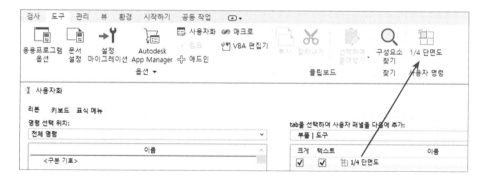

② 키보드

명령어의 단축키를 설정할 수 있다.

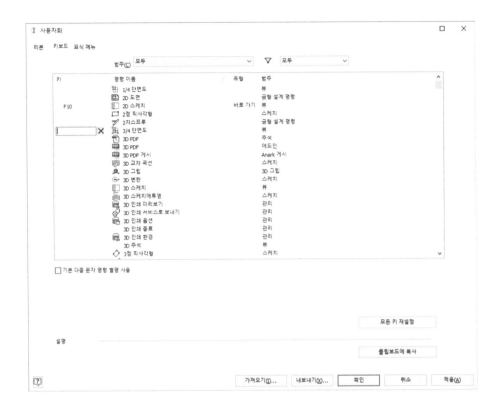

자주 쓰는 명령어는 아래와 같다.

명령어	설명	명령이름
D	치수	⊢┄┤ 일반 치수
F6	등각투영보기	🏠 홈 뷰
F7	그래픽 절단보기	📣 그래픽 슬라이스

그 외에 스케치 마무리, 측정, 수직 보기 등 명령어들의 단축키를 설정하면 좀
더 편하게 모델링 작업을 할 수 있다.

4) 키보드, 마우스 활용하기

(1) 마우스 사용법

① MB 1: 클릭 - 선택. 더블클릭 시 명령 종료

② MB 2: 휠 - 확대/축소. 더블클릭 시 전체 화면 보기(fit)

③ MB 3: 우클릭 - 확인, 명령 종료, 옵션 보기 등등

(2) 화면 제어

① 확대/축소

- 전체 확대(fit): 휠(MB2) 더블클릭, 단축키 Home 버튼, 탐색 막대 🔍
- 확대/축서: 휠(MB2) 드래그

② 화면 이동

휠(MB2) 클릭하여 화면 이동, 탐색 막대 🖐

③ 화면 회전

Shift 열쇠 누른 상태에서 휠(MB2) 클릭하여 화면 회전, 탐색 막대 ✥

(3) 명령 입력 및 취소

① 명령 입력

명령 아이콘을 클릭하거나 명령어를 입력한다.

또는 빈 화면에 마우스 우클릭하여 자주 사용되는 명령어를 활용할 수 있다.

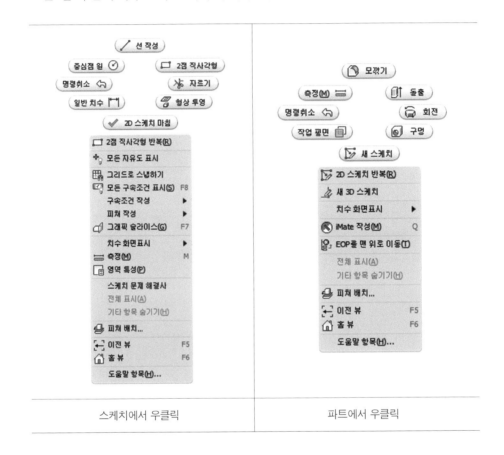

| 스케치에서 우클릭 | 파트에서 우클릭 |

② 명령 종료

마우스 우클릭하여 확인 버튼 누르거나 더블클릭하여 종료한다.

또는 ESC 열쇠를 눌러 명령을 종료한다.

③ 객체 선택

마우스로 클릭하여 객체 선택한다.

④ 객체 선택 취소

Shift나 Ctrl 열쇠를 누르고 다시 클릭하면 선택이 취소된다.

5) 템플릿 저장하기

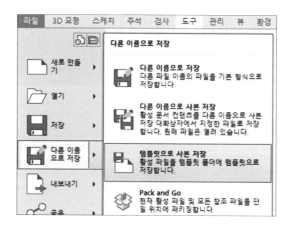

사용자에 맞게 옵션 및 명령어 등을 설정하였다면 템플릿으로 저장하여 사용할 수 있다.

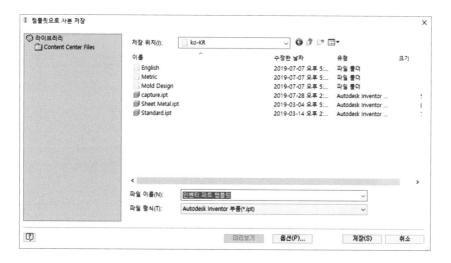

템플릿으로 사본 저장을 하면 템플릿이 있어야 하는 파일 위치로 자동 저장된다. 적당한 이름으로 템플릿 파일명을 작성한 뒤에 저장한다.

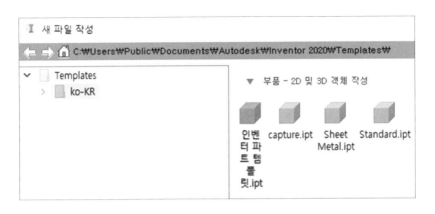

저장 후 새 파일에서 파트를 실행하면 설정 후 저장하였던 템플릿을 선택할 수 있다.

스케치

1. 스케치 시작하기

파트를 시작하는 방법은 두 가지가 있다.

① 새로 만들기 명령을 실행하여 원하는 템플릿을 선택하거나,

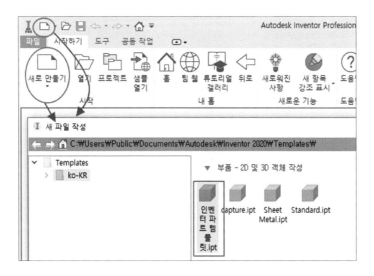

② 시작 화면에서 부품을 클릭하여 파트 모델링을 시작한다.

1) 스케치 평면 선택하기

베이스 파트를 모델링하기 전에는 스케치가 반드시 있어야 한다.

파트 모델링을 시작하기 전에 스케치 작성에 대한 구상을 해야 하며, 스케치 작성하기 전에 스케치 평면을 선택하여야 한다.

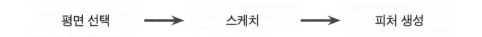

스케치 평면을 선택하는 방법은 두 가지가 있다.

① 3D 모형 탭 → 2D 스케치 시작 → 평면 선택

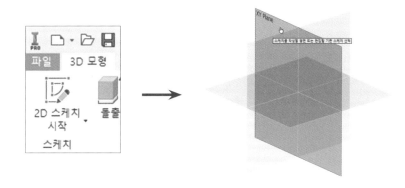

② 모형의 원점 폴더에서 원하는 평면을 선택 후 스케치 작성한다.

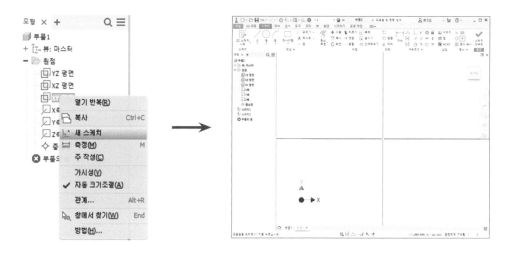

2. 스케치 작성하기

스케치를 시작하게 되면 다음과 같은 인터페이스로 변하게 된다.

스케치는 ① 작성 ② 수정 ③ 패턴 ④ 구속 조건 등의 명령어를 사용할 수 있다.

① 스케치 작성을 완료할 때는 더블클릭이나 우클릭을 하여 확인 ✔ 확인 을 클릭한다. 또는 닫힌 폐곡선 작성 시에는 마지막 선분 작성 전에 우클릭하여 닫기 닫기(C) 클릭한다.

② 스케치 작성할 때 치수를 입력할 때는 치수 입력 후 키보드 Enter 버튼 눌러준다.

③ 스케치로 작성한 것을 삭제할 때는 삭제할 객체를 선택 후 키보드 Delete 버튼을 클릭한다.

④ 명령을 종료하려면 마우스 오른쪽 버튼을 클릭한 다음 완료를 선택하거나, Esc 키를 클릭하거나, 다른 명령을 선택한다.

1) 작성 명령어

(1) 선(Line)

시작점과 끝점을 선택하여 선을 작성할 수 있다.

또는, 시작점을 클릭하면 아래와 같이 선분의 길이 값을 입력하여 선을 작성할 수 있는데, 선분의 길잇값을 입력 후 엔터를 누르면 치수로 자동 작성이 된다.

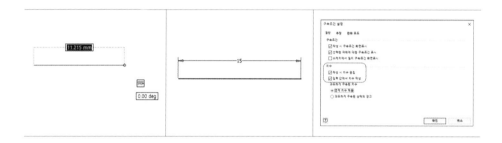

① 삼각형이나 사각형을 작성하기

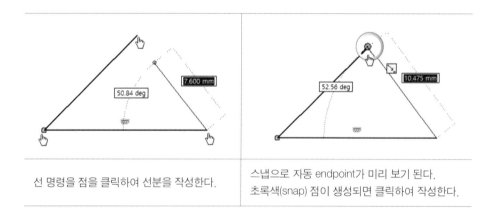

| 선 명령을 점을 클릭하여 선분을 작성한다. | 스냅으로 자동 endpoint가 미리 보기 된다.
초록색(snap) 점이 생성되면 클릭하여 작성한다. |

② 닫힌 곡선(폐곡선)을 작성할 때

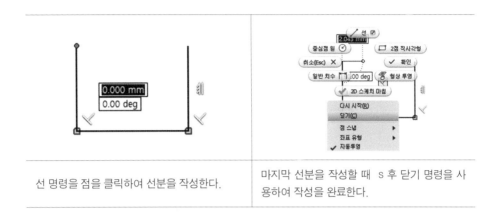

선 명령을 점을 클릭하여 선분을 작성한다.	마지막 선분을 작성할 때 s 후 닫기 명령을 사용하여 작성을 완료한다.

* 명령 및 작성을 마치고 싶으면 더블클릭을 하거나 우클릭한 후 확인 버튼을 눌러준다.

(2) 스플라인

스플라인 명령어는 선 명령어를 확장하여 사용할 수 있다.

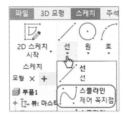

아래 그림과 같이 원하는 지점에 클릭하여 스플라인을 형성할 수 있다. 작성을 마쳤다면, 체크 버튼을 클릭한다.

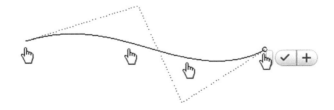

작성 후 생기는 포인트를 클릭하여 형상을 수정할 수 있다.

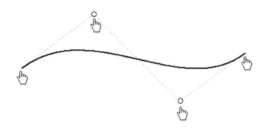

(3) 원(Circle)

① 원 - 중심점  원 중심점

중심점을 지정 후 지름값을 입력함으로써 원을 작성할 수 있다.

② 원 - 접선 원 접선

3개의 선에 접하는 원을 작성할 수 있으며, 치수는 필요 없다.

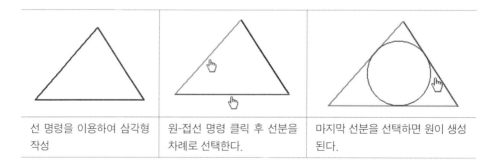

선 명령을 이용하여 삼각형 작성	원-접선 명령 클릭 후 선분을 차례로 선택한다.	마지막 선분을 선택하면 원이 생성된다.

③ 타원 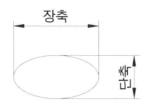 타원
타원

타원에서는 2개의 축이 있고 긴축을 장축, 짧은 축을 단축이라고 한다.

타원을 작성할 때는

장축의 끝점 클릭 후	단축의 끝점을 지정하여 작성한다.

값을 입력할 때는

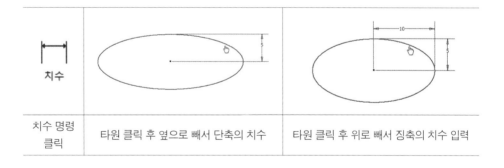

치수		
치수 명령 클릭	타원 클릭 후 옆으로 빼서 단축의 치수	타원 클릭 후 위로 빼서 징축의 치수 입력

(4) 호 (Arc)

3점 호와 중심점 호를 알아보도록 한다.

① 3점 호

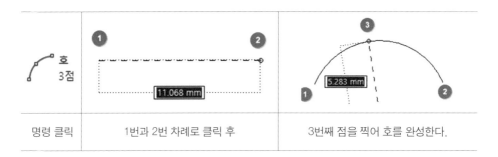

명령 클릭	1번과 2번 차례로 클릭 후	3번째 점을 찍어 호를 완성한다.

② 중심점 호

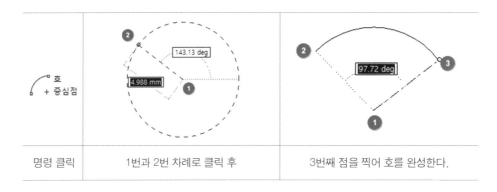

명령 클릭	1번과 2번 차례로 클릭 후	3번째 점을 찍어 호를 완성한다.

(5) 사각형 (Rectang)

사각형에는 그림과 같이 여러 종류의 명령어가 있다.

이 중에서 2점 사각형, 두 점 중심 사각형, 중심대 중심 슬롯, 폴리곤을 알아보도록 한다.

① 2점 직사각형

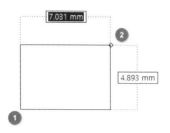

옆의 그림처럼 1번과 2번 순서대로 점을 클릭하여 사각형을 완성한다. 또는 첫 점을 클릭 후 가로 치수, 세로 치수를 기입하여 사각형을 작성한다.

사각형처럼 2개의 치수를 기입하려면 가로 치수 작성 후 **키보드 Tab**을 눌러 세로로 이동하여 작성한다. 가로 치수에서 세로 치수로 넘어갈 때 엔터를 누르면 안 된다!

② 두 점 중심 직사각형

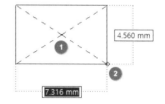

옆의 그림처럼 1번과 2번을 순서대로 클릭하여 사각형을 완성한다. 또는 첫 점(중심점)을 클릭 후 가로 치수, 세로 치수를 기입하여 사각형을 작성한다.

2점 중심 사각형과 다르게 중심점을 기준으로 가로세로가 대칭인 사각형을 만들 수 있다.

③ 중심 대 중심 슬롯

슬롯의 길이 방향이 될 첫 점과 끝점을 클릭한다. 또는 첫 점 클릭 후 치수를 기입한다.	반지름이 될 지점에 세 번째 클릭하거나, 지름 치수를 입력하여 슬롯을 완성한다.

④ 폴리곤(다각형)

① 내접
② 외접
③ 다각형 변의 수

폴리곤 명령 실행 후 내접/외접을 선택한 후 변의 수를 작성한다.
폴리곤의 중심점과 다각형 끝점을 클릭하여 폴리곤을 완성한다.

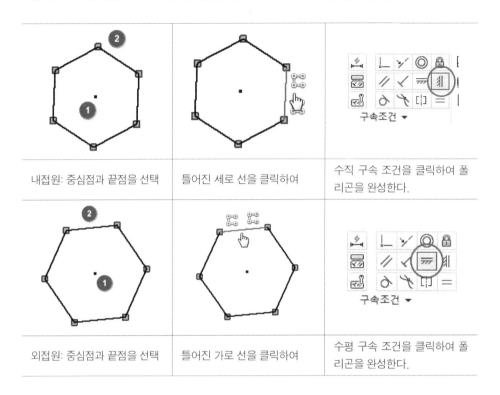

내접원: 중심점과 끝점을 선택	틀어진 세로 선을 클릭하여	수직 구속 조건을 클릭하여 폴리곤을 완성한다.
외접원: 중심점과 끝점을 선택	틀어진 가로 선을 클릭하여	수평 구속 조건을 클릭하여 폴리곤을 완성한다.

(6) 모깎기(Fillet, Round)

2개의 객체(선분이나 원, 호 등)를 선택하여 명령을 작성한다.

선분을 하나씩 클릭	라운드 값 작성 후 엔터	모깎기 완성

(7) 모따기(Champer)

2개의 선분을 선택하여 모따기를 작성한다.

사용자에 맞는 모따기 옵션을 선택 후 거리값을 작성하고 선분을 차례로 선택하여 모따기를 작성한다.

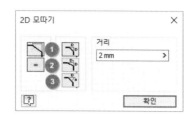

① 가로와 세로가 같은 거리값: 거리값 1개만 작성

② 가로와 세로가 다른 거리값: 거리값1, 거리값 2작성

③ 거리값 한 개와 각도 지정: 거리값 1개와 각도 작성

다른 거리값 작성 시,

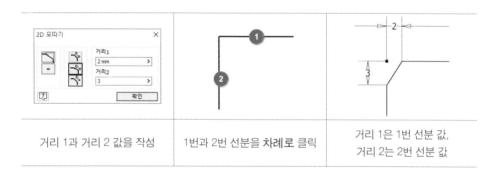

거리 1과 거리 2 값을 작성	1번과 2번 선분을 **차례로** 클릭	거리 1은 1번 선분 값, 거리 2는 2번 선분 값

(8) 형상 투영

활성 스케치 평면에서 기존 객체의 형상을 투영할 수 있다.

모서리, 꼭짓점, 루프, 작업 피처 또는 기타 스케치 형상을 투영할 수 있다. 투영된 형상은 원래 형상과 연관(원래 형상에 링크)되어 있으므로 원래 형상이 변경되면 이에 따라 투영된 형상도 업데이트된다.

원래 형상과 연관을 해지하려면 구속 조건을 삭제한다.

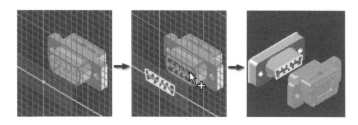

* 스케치 원점을 생성하는 방법

스케치를 작성하고 삭제하다 보면 원점이 삭제되는 경우가 있다.
스케치 원점을 선택하고 Delete를 누르면 삭제되기 때문이다.

〈스케치 원점〉　　　　　〈스케치 원점 삭제〉

원점을 다시 나타내는 방법은 "형상 투영" 명령을 통해서 가능하다.

스케치 원점이 삭제되었을 때,
① 모형-원점-중심점을 선택 후
② 형상 투영 명령을 선택한다.
③ 중심점이 미리보기로 나타난다면
④ 화면 빈 곳에 우클릭하여 확인을
클릭한다.　✔ 확인

이처럼 형상 투영은 기존의 피처, 스케치, 원점 등을 현재 작업 중인 평면의 객체로 활용할 수 있다.

2) 수정 명령어

(1) 이동

작성되어 있는 스케치 객체를 이동할 수 있다.

Autocad 등에서 스케치를 복사해서 스케치 평면에 붙여넣기 하였을 경우, 복사한 객체를 선택하여 원점으로 이동한다.

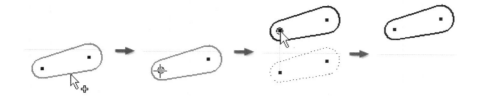

이동 명령을 선택 후

① 이동할 객체를 선택한다. ⬚ 선택

② 이동할 기준점을 선택한다. ⬚ ●→ 기준점

③ 이동할 공간으로 이동한다.

④ 이동이 완료되었다.

정확한 위치(절대 좌표)로 이동하고 싶은 경우, 정확한 입력에 체크를 하고, 팝업창에 좌푯값을 입력한다.

Inventor 정확한 입력

(2) 복사

이동 명령과 동일하게 작업한다. 이동은 원본 객체가 없고, 복사는 원본 객체가 남아 있게 된다.

(3) 회전

작성되어 있는 스케치 객체를 회전할 수 있다.

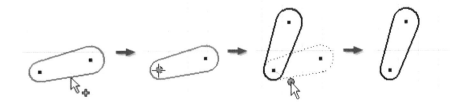

회전 명령을 선택 후

① 회전할 객체를 선택한다.   [선택]

② 회전할 기준점을 선택한다.   중심 점 [선택]

③ 각도 값을 입력하거나 회전할 지점에 클릭한다.   각도 [328.16 deg   >]

④ 회전이 완료되었다. 원본 객체를 남겨두고 싶다면, 복사에 체크한다.

각도 [149.53 deg   >]   [☑복사]

(4) 자르기(Trim)

객체를 자르거나 삭제할 수 있다.

명령을 선택한 후에 자를 객체에 마우스를 대면 점선으로 미리 보기가 된다. 자를 객체가 맞는다면 클릭하여 자른다.

추가로 자르는 객체들을 계속 클릭한다. 또는, 클릭한 채로 드래그하여 자른다.

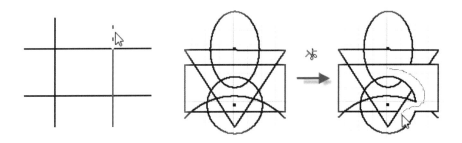

(5) 연장

객체를 다음 객체까지 연장할 수 있다.

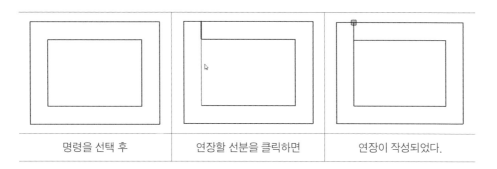

| 명령을 선택 후 | 연장할 선분을 클릭하면 | 연장이 작성되었다. |

(6) 분할

하나의 선분을 두 개의 객체로 나눌 수 있다.

명령 선택 후 분할할 선분에 마우스를 갖다 대면, 나누어지는 기준이 미리 보기로 나타난다.

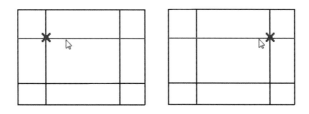

원하는 기준이 미리 보기로 나타날 때 클릭하여 2개의 선분으로 분할한다.

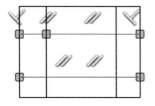

위의 선분은 분할로 나누어진 선분이고,
아래 선분은 하나의 선분이다.

TIP

분할 명령을 사용하여 선분을 나눈 후에 필요 없는 선분은 구성 선으로 변경하여 사용한다면, 스케치 구속 조건의 삭제 없이 스케치를 완성할 수 있다.

(7) 간격 띄우기(Offset): 기준 객체를 간격 띄어 복사하기

하나의 단일 선분이나 단일 객체를 간격 띄우기 하거나 체인(루프)을 간격띄우기할 수 있다.

① 단일 객체 간격 띄우기

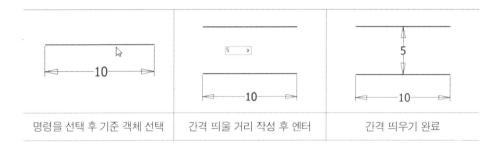

명령을 선택 후 기준 객체 선택	간격 띄울 거리 작성 후 엔터	간격 띄우기 완료

② 체인(l) 간격 띄우기

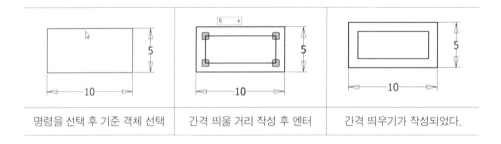

명령을 선택 후 기준 객체 선택	간격 띄울 거리 작성 후 엔터	간격 띄우기가 작성되었다.

* 체인에서 하나의 객체만 간격 띄우기를 할 경우

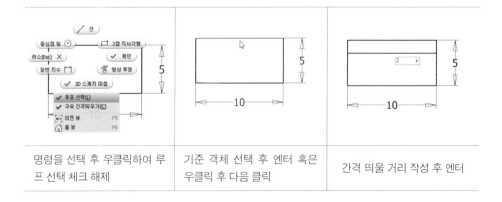

명령을 선택 후 우클릭하여 루프 선택 체크 해제	기준 객체 선택 후 엔터 혹은 우클릭 후 다음 클릭	간격 띄울 거리 작성 후 엔터

3) 패턴

(1) 직사각형 패턴

패턴 명령을 사용하여 스케치 형상의 배열 복사를 작성할 수 있다.

패턴 형상은 완전히 구속되어 있으며 구속 조건은 그룹으로 유지된다. 패턴 구속 조건을 제거할 경우 패턴 형상의 모든 구속 조건이 삭제된다.

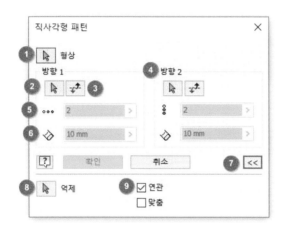

① 배열 복사할 기준을 선택한다.

② 배열 복사할 방향을 클릭한다. (배열 복사할 방향 쪽 아무 선분이나 선택)

③ 방향 반전: 반대 방향으로 배열 복사할 때 클릭한다.

④ 방향 1이 가로 방향이었다면, 세로 방향의 배열 복사가 필요할 때 선택한다.

⑤ 수량: 배열 복사할 수량을 선택한다. 원본 객체 포함한 수량이다.

⑥ 간격: 배열 복사할 간격을 작성한다.

⑦ 자세히: 옵션 사항을 선택할 수 있다.

⑧ 억제: 패턴한 객체 중에 필요하지 않은 객체는 억제한다.

⑨ 연관: 패턴 구성 요소 간의 연관 관계를 제거할 경우 형상은 더 이상 패턴이 아니라 개별적으로 편집할 수 있는 형상 요소가 된다.

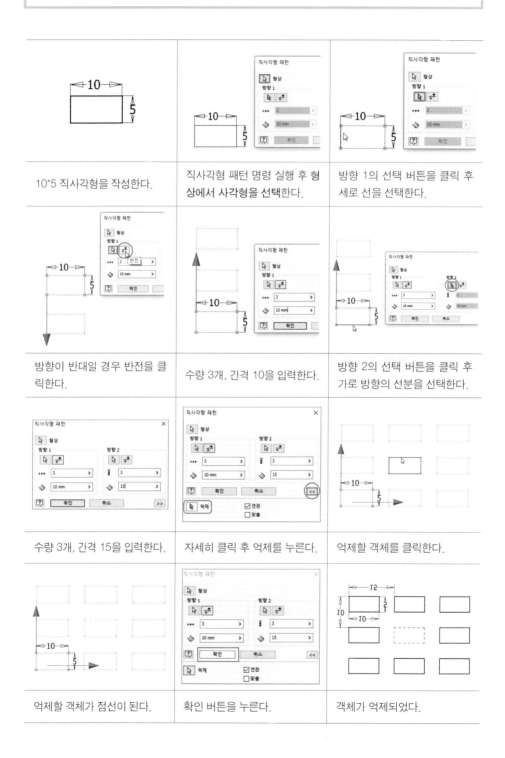

10*5 직사각형을 작성한다.	직사각형 패턴 명령 실행 후 형상에서 사각형을 선택한다.	방향 1의 선택 버튼을 클릭 후 세로 선을 선택한다.
방향이 반대일 경우 반전을 클릭한다.	수량 3개, 간격 10을 입력한다.	방향 2의 선택 버튼을 클릭 후 가로 방향의 선분을 선택한다.
수량 3개, 간격 15를 입력한다.	자세히 클릭 후 억제를 누른다.	억제할 객체를 클릭한다.
억제할 객체가 점선이 된다.	확인 버튼을 누른다.	객체가 억제되었다.

(2) 원형 패턴

중심점을 기준하여 일정한 각도로 원형 배열 복사를 작성할 수 있다.

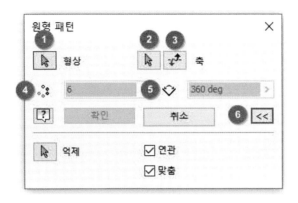

① 배열 복사할 객체를 선택한다.

② 배열 복사 기준이 되는 축을 선택한다.

③ 방향 반전: 반대 방향으로 배열 복사할 때 클릭한다.

④ 수량: 배열 복사할 수량을 선택한다. 원본 객체 포함한 수량이다.

⑤ 각도: 각도 필드에 첫 번째와 마지막 패턴 구성 요소 사이의 각도를 입력한다.

⑥ 자세히: 옵션 사항을 선택할 수 있다 - 직사각형 패턴과 동일하다.

원형 패턴 방법

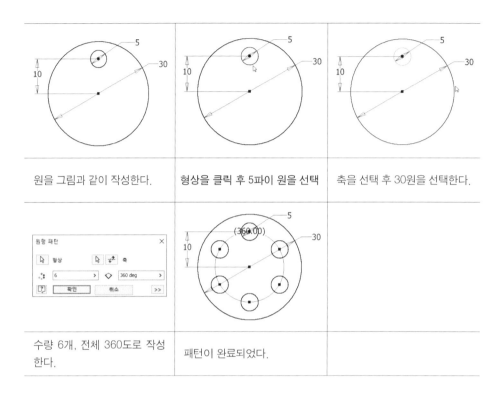

원을 그림과 같이 작성한다.	형상을 클릭 후 5파이 원을 선택	축을 선택 후 30원을 선택한다.
수량 6개, 전체 360도로 작성한다.	패턴이 완료되었다.	

* 패턴 수정 및 삭제

패턴 요소 중 하나 클릭 후 우클릭하여 패턴을 삭제/편집/요소 억제 해제하여 수정할 수 있다. **객체 선택하여 Delete 버튼을 누르면 삭제되지 않는다!**

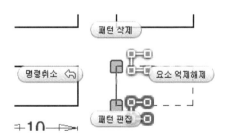

(3) 미러(대칭, Mirror)

객체를 대칭선을 기준으로 대칭 복사한다.

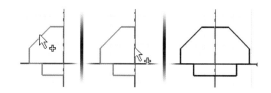

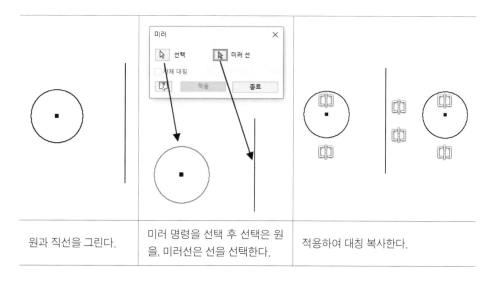

원과 직선을 그린다.	미러 명령을 선택 후 선택은 원을, 미러선은 선을 선택한다.	적용하여 대칭 복사한다.

4) 구속 조건

스케치 환경 내에는 치수와 형상 구속 조건이 있다. 그래픽창 맨 아래에 있는 상태 막대에는 스케치를 완전히 구속하는 데 필요한 치수의 수가 표시된다.

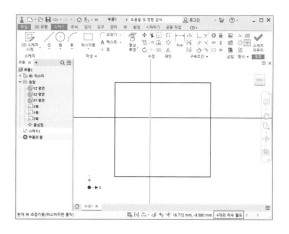

스케치할 때 형상 또는 치수 구속 조건을 적용하여 이 숫자를 0으로 줄여 스케치 형상을 정의할 수 있다. 스케치 형상의 크기 또는 세이프를 변경할 수 있는 것을 자유도라고 한다. 예를 들면 원에는 중심과 반지름의 2개의 자유도가 있다.

구속 조건이나 치수를 적용하여 모든 자유도를 제거하면 스케치는 완전히 구속된다. 자유도가 해석되지 않은 상태로 남아 있으면 스케치는 불충분하게 구속된다.

결국, 구속 조건은 그리고자 하는 객체의 위치와 크기를 정의하는 것이다. 원점으로부터 위치를 정의하고 치수와 구속 조건으로 형상을 정의한다.

(1) 치수

① 치수 작성

치수는 두 점을 클릭하거나 선을 선택하여 작성할 수 있다.

원이나 호 치수 기입 시 원주나 호를 선택하여 치수를 기입한다.

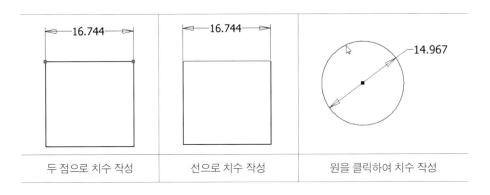

두 점으로 치수 작성	선으로 치수 작성	원을 클릭하여 치수 작성

3D 형상 모델링에서는 360도로 이루어진 원만 지름치수로 기입이 되고, 그 외의 호(1도~359도)는 반지름값으로 입력된다.

*원은 반지름값으로 입력할 때는, 치수 작성 시 우클릭을 하여 치수 유형에서 지름이나 반지름을 선택하여 작성한다.

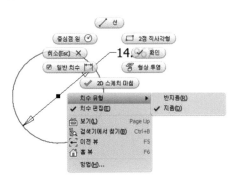

② 치수 기입 방법

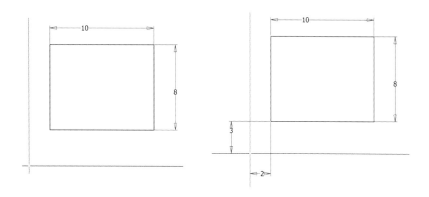

　　형상 치수를 기입하고, 원점으로부터 위치에 대한 치수를 부여한다.

　　순서는 관계없으며 완전 구속을 하게 되면 객체의 색이 파란색으로 변경되며

인벤터 화면 하단에 **완전하게 구속됨** 이라고 작성된다.

③ 연관치수기입

　　치수 기입 시 간단한 수식을 작성할 수 있다.

　　아래 그림처럼 가로의 치수가 세로의 치수가

연관되어 같게 작성할 수 있다. 세로 치수를 기입할 때 가로 치수를 클릭한다.

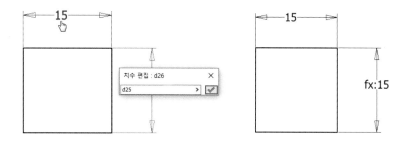

　　가로 치수가 바뀌면 세로 치수도 연관되어 변경되는 것을 확인할 수 있다.

(2) 형상 구속 조건

객체의 형상을 구속한다. 형상 구속 조건을 적절하게 사용하면 효율적인 모델링 작업을 할 수 있다.

구속 조건의 종류는 아래표 와 같으며 하나씩 알아보도록 한다.

	일치	동일선상	동심	고정
	평행	직각	수평	수직
	접선	부드럽게	대칭	동등

① 구속 조건 종류

일치		일치 구속 조건은 두 점이 함께 구속되거나 한 점이 곡선에 놓이도록 한다.
동일 선상		선분을 동일한 선상에 위치시킨다.
동심		동심 구속 조건은 두 개의 호, 원 또는 타원이 동일한 중심점을 갖게 한다. 동심 구속 조건을 적용하면 일치 구속 조건을 중심점에 적용한 것과 같은 결과가 된다.
고정		고정 구속 조건은 스케치 좌표계에 상대적인 위치에 점과 곡선을 고정시킨다.
평행		평행 구속 조건은 선택된 선 또는 타원 축이 서로 평행하게 배치되도록 한다.
직각		직각 구속 조건은 선택된 선, 곡선 또는 타원 축이 서로 90도가 되도록 한다.

수평		수평 구속 조건은 선, 타원 축 또는 점의 쌍이 좌표계의 X축에 평행하게 배치되도록 한다.
수직		수직 구속 조건은 선, 타원 축 또는 점 쌍을 좌표계의 Y축과 평행하게 만든다.
접선		스플라인의 끝을 포함하는 곡선을 다른 곡선에 접하도록 구속한다.
부드럽게		부드러운 구속 조건을 사용하면 스플라인과 다른 곡선(예: 선, 호 또는 스플라인) 사이에 곡률 연속 조건이 생성된다.
대칭		대칭 구속 조건은 선택한 선이나 곡선이 선택한 선을 중심으로 비례해서 구속되도록 한다.
동일		원이나 선분의 크기를 같게 한다.

(3) 구속 조건 기능

① 자동 치수 및 구속 조건: 구속조건을 자동 부여한다.

② 구속 조건 표시: 구속 조건을 표시한다.

③ 구속 조건 설정: 구속 조건 옵션을 제어할 수 있다.

① 자동 치수 및 구속 조건

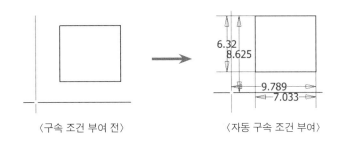

〈구속 조건 부여 전〉　　〈자동 구속 조건 부여〉

5) 형식

(1) 구성선

외형선을 참조선으로 변경할 수 있다. 이 선은 피처 형성과 무관한다.

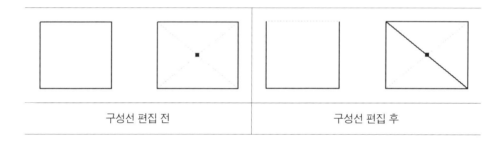

| 구성선 편집 전 | 구성선 편집 후 |

(2) 연계 치수

참조 치수로 변경할수 있으며 이때 치수가 형상의 변형과 연계되어 변형된다.

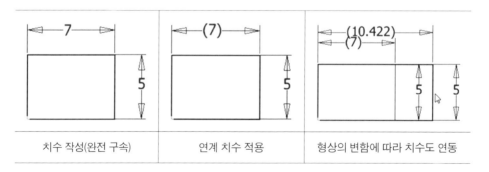

| 치수 작성(완전 구속) | 연계 치수 적용 | 형상의 변함에 따라 치수도 연동 |

(3) 중심선

실선이나 구성선을 중심선으로 변경할 수 있다.

중심선 적용 후 치수 기입할 때 지름 치수로 기입할 수 있다.

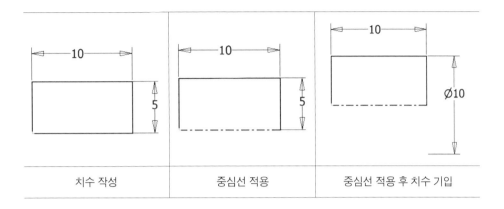

치수 작성	중심선 적용	중심선 적용 후 치수 기입

(4) 중심점

중심점의 스타일을 선택할 수 있다.

(5) 형식 표시

외형선의 형식을 변경할 수 있으며, 화면에 표시하거나
표시하지 않을 수 있다. 형식을 확장하면 다음과 같이 객
체의 형식을 변경할 수 있다.

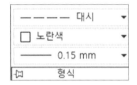

6) 종료

스케치 작성이 완료되면 스케치 마무리를 필히 적용한다.
아래 그림처럼 리본 명령 제일 오른쪽에 위치한 버튼을 클릭하거나,

화면 빈 곳에 우클릭을 하여 2D 스케치 마침
을 클릭하여 스케치 마무리(종료)한다.

아래 도면을 스케치 완전 구속을 활용하여 작성하도록 한다.

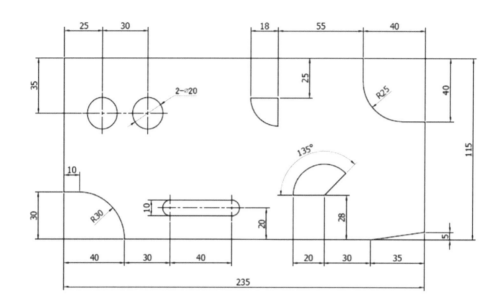

① 새 부품에서 부품을 클릭하고 XZ 평면을 선택하여 스케치를 시작한다.

② 직사각형의 왼쪽을 원점으로 하고 직사각형을 그린다.

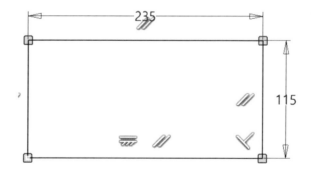

③ 아래 가로선을 중심으로 지름 60인 원을 그리고 위치 치수를 작성하고 원의 사
분점 위에 수평선을 그리고 수직 구속 조건을 준다.

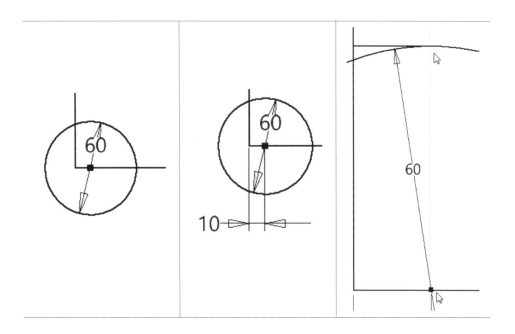

④ 자르기를 이용하여 원을 정리하고 분할 명령어로 선분을 분할한 뒤 구성선(보
   조선)으로 변경한다.

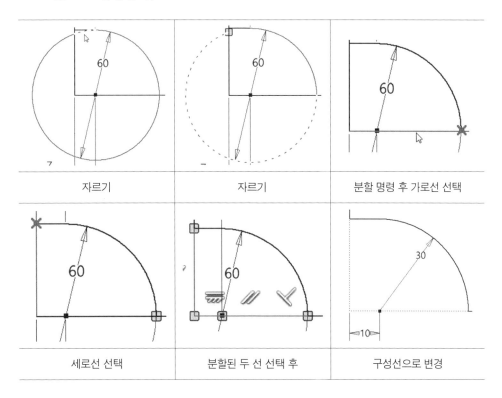

| 자르기 | 자르기 | 분할 명령 후 가로선 선택 |
| 세로선 선택 | 분할된 두 선 선택 후 | 구성선으로 변경 |

⑤ 모따기 명령을 이용하여 거리 1, 거리 2 치수를 주어 모따기를 작성한다.

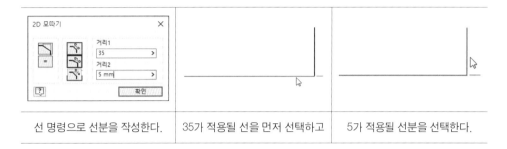

선 명령으로 선분을 작성한다.	35가 적용될 선을 먼저 선택하고	5가 적용될 선분을 선택한다.

⑥ 선분을 작성하고 모깎기를 작성한다.

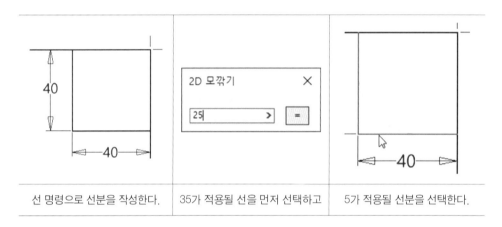

선 명령으로 선분을 작성한다.	35가 적용될 선을 먼저 선택하고	5가 적용될 선분을 선택한다.

⑦ 나머지 선분은 분할하여 구성선으로 변경한다.

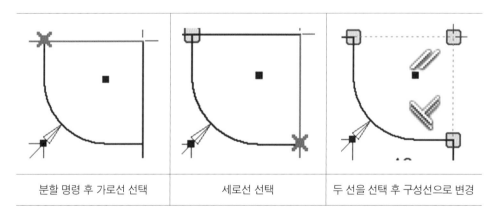

분할 명령 후 가로선 선택	세로선 선택	두 선을 선택 후 구성선으로 변경

⑧ 슬롯 작성: 중심대 중심 슬롯 명령 선택 후 슬롯을 작성 후 위치 구속을 부여한다.

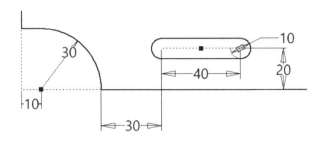

⑨ 중심점 호를 이용하여 부채꼴 모양을 그려 준다.

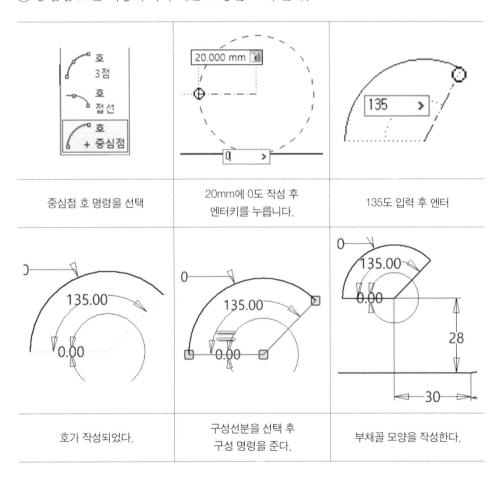

중심점 호 명령을 선택	20mm에 0도 작성 후 엔터키를 누릅니다.	135도 입력 후 엔터
호가 작성되었다.	구성선분을 선택 후 구성 명령을 준다.	부채꼴 모양을 작성한다.

⑩ 사각형을 그리고 모깎기 명령을 이용하여 부채꼴 모양을 만들어 준다.

빈 곳에 20*20 사각형을 작성한다.	모깎기 명령을 실행 후 20mm 작성한다	선분을 선택한다. 위치 치수를 주어 완전 구속한다.

⑪ 원을 작성 후 구속조건과 치수를 주어 완전 구속한다.

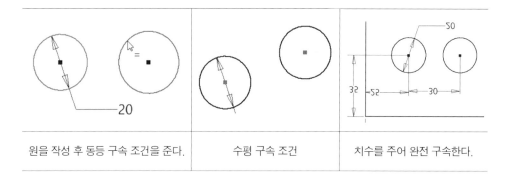

원을 작성 후 동등 구속 조건을 준다.	수평 구속 조건	치수를 주어 완전 구속한다.

아래 도면을 스케치 완전 구속을 활용하여 작성하도록 한다.

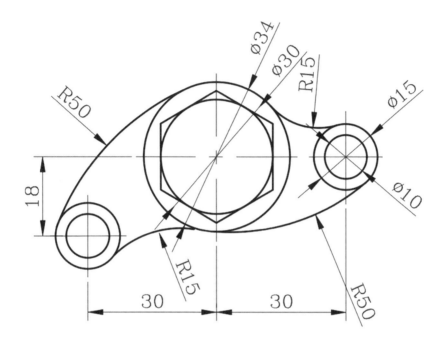

① 원 3개를 작성한다.

　수평, 동일 구속 조건 사용하여 완전
　히 정의한다.

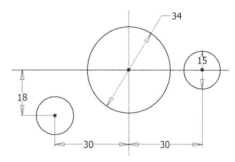

② 호를 작성한다.

　원과 가까운 곳에 호를 그리고 접선 구속 조건
　과 치수를 부여한다.

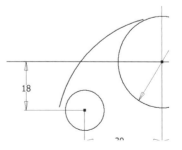

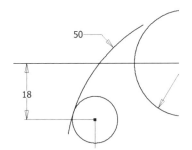

자르기와 연장으로 완전 정의한다.

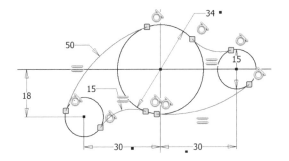

③ 나머지 3개 호도 같은 방식으로
   작성한다.
   end point(노란색 점)이 생성되
   면 완전 정의된 것이다.

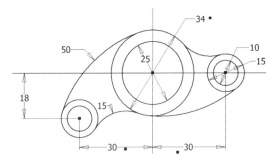

④ 3개의 원을 작성한다.

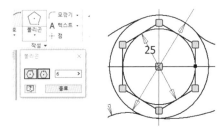

⑤ 폴리곤 명령어를 사용하고, 외접 명령
   을 주어 육각형을 작성한다.

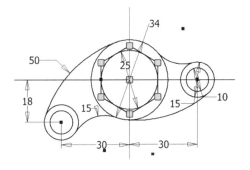

⑥ 모형이 완성되었다.

3. 스케치 편집하기

스케치를 종료하게 되면 모형에 작성했던 스케치가 생성된다.

이때 수정해야 할 스케치를 우클릭 한다.

① 복사: 스케치를 복사하여 다른 평면에 붙여넣기 한다.

② 스케치 편집: 작성하였던 스케치를 편집할 수 있으며, 스케치 인터페이스로 변경된다.

③ 재정의: 해당 스케치의 작업 평면을 변경할 수 있다.

④ 가시성: 스케치를 보이거나 보이지 않게 할 수 있다.

⑤ 치수 가시성: 치수만 보이거나 보이지 않게 할 수 있다.

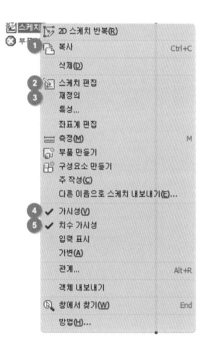

연습 과제 1

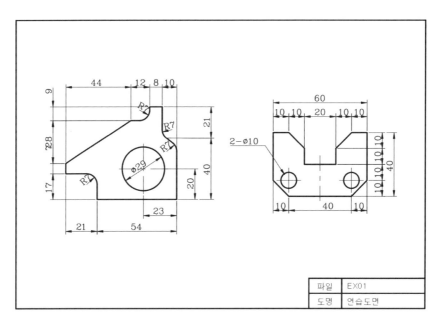

파일	EX01
도명	연습도면

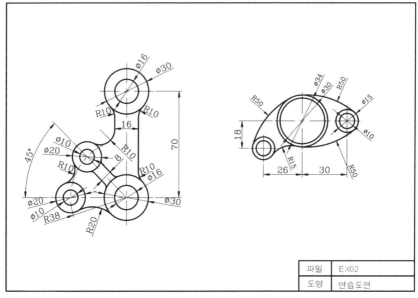

파일	EX02
도명	연습도면

연습 과제 2

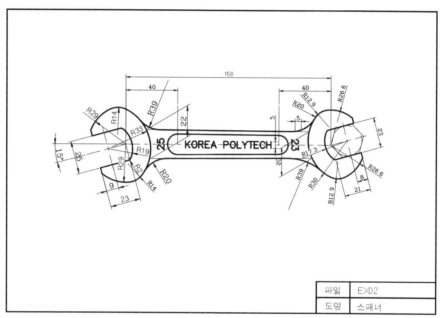

파일	EX02
도명	스패너

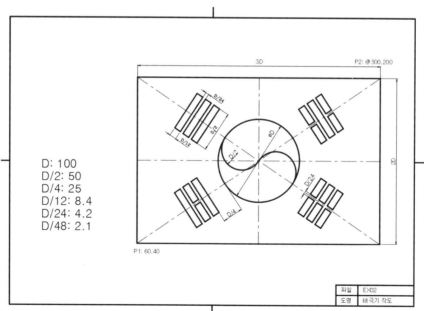

D: 100
D/2: 50
D/4: 25
D/12: 8.4
D/24: 4.2
D/48: 2.1

파일	EX02
도명	태극기 작도

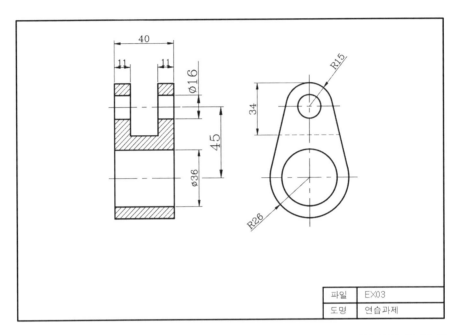

파일	EX03
도명	연습과제

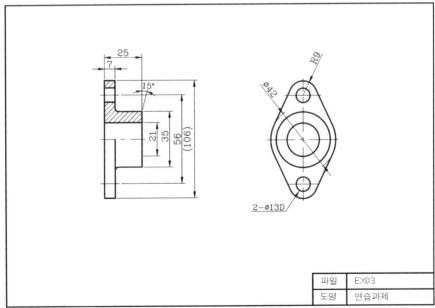

파일	EX03
도명	연습과제

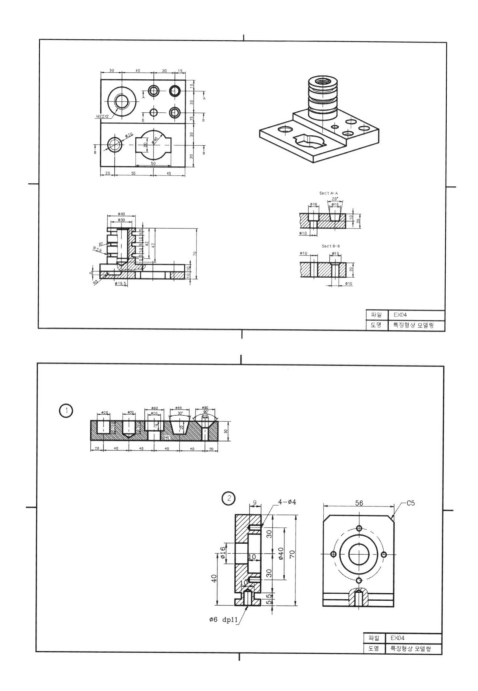

파트 모델링하기

파트 모델링하기

모델링할 제품의 형상을 스케치로 작성하고, 3D 모형 탭의 명령들을 통하여 피처를 작성한다. 피처가 작성되면 피처의 형상인 스케치는 해당 피처에 종속되며, 보이지 않게 된다.

스케치 없이 피처 명령을 실행하면, 아래와 같이 메시지가 뜬다. 인벤터는 피처를 작성하기 전 반드시 2D 스케치가 선행되어야 한다.

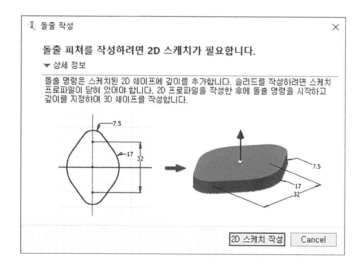

① 작성: 스케치를 작성 후 피처를 작성한다.

② 수정: 1개 이상의 피처가 존재하여야 하고, 그 피처에 구멍, 다듬질 등 추가 작업할 수 있다.

③ 작업 피처: 새로운 작업 평면이나 축 등을 생성할 수 있다.

④ 패턴: 기존 피처를 패턴하거나 대칭 시킬 수 있다.

1. 작성 명령어

1) 돌출

인벤터는 솔리드 모델링 기반으로서 사전 작성된 스케치가 루프일 경우, 우선 솔리드 모델링으로 출력한다. 사전에 작성된 스케치가 닫히지 않은 스케치일 경우 서피스 모델링으로 출력된다.

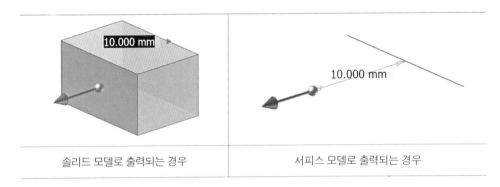

솔리드 모델로 출력되는 경우	서피스 모델로 출력되는 경우

(1) 결합

프로파일(루프)를 돌출시켜 피처를 형성한다.

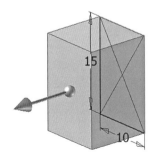

① 프로파일

루프를 선택한다. 루프가 하나라면 자동 선택이 되지만, 2개 이상이면 돌출할 루프를 선택해 주어야 한다.

② 방향

돌출 방향을 선택

한쪽 방향/다른 한쪽 방향/양방향 - 대칭/양방향 - 비대칭

③ 거리값

돌출 거리값을 작성

④ 관통

프로파일을 해당 피처 전체에 돌출한다.

⑤ 지정 면까지 관통

프로파일을 사용자가 지정한 면까지 돌출시킨다.

합집합(결합)/차집합(잘라내기)/교집합(교차)/새 솔리드로 작성

- 접합(합집합): 루프 형상의 피처를 생성
- 차집합(빼기): 루프 형상의 피처를 제거
- 교집합: 교차되는 부분을 제거

⑥ 테이퍼

돌출하고자 하는 피처에 테이퍼를 줄 수 있다. 반대 각도로 작성하고 싶다면 각도 숫자 앞에 '-'를 기입한다.

(2) 차집합

'2D 스케치 시작' 후 피처 옆면에
평면을 설정하고 스케치를 작성 후
스케치 마무리한다. 루프 2개를 선택
하고, 차집합(빼기)을 선택한다.

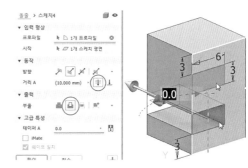

(3) 범위

'2D 스케치 시작' 후 피처 윗면에 평면을 설정하고 스
케치를 작성 후 스케치 마무리한다. 여러 범위 옵션에서
사용자에 맞는 옵션을 선택할 수 있다.

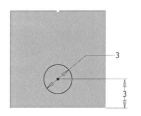

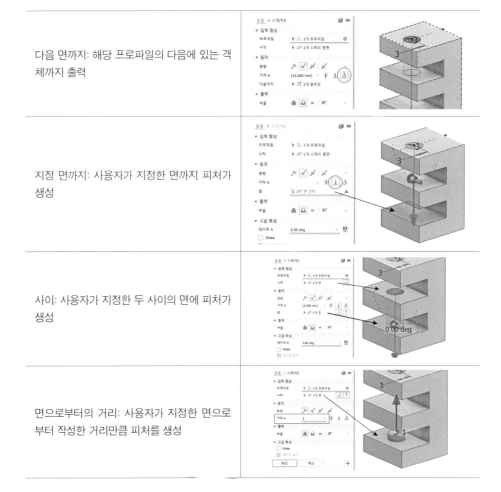

다음 면까지: 해당 프로파일의 다음에 있는 객체까지 출력	
지정 면까지: 사용자가 지정한 면까지 피처가 생성	
사이: 사용자가 지정한 두 사이의 면에 피처가 생성	
면으로부터의 거리: 사용자 지정한 면으로부터 작성한 거리만큼 피처를 생성	

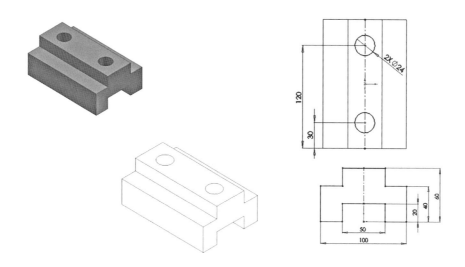

① 두 가지 방식으로 베이스 피처를 작성할 수 있다.

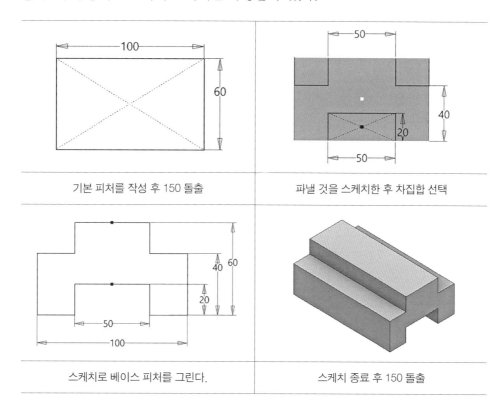

기본 피처를 작성 후 150 돌출	파낼 것을 스케치한 후 차집합 선택
스케치로 베이스 피처를 그린다.	스케치 종료 후 150 돌출

② 구멍 피처 작성하기

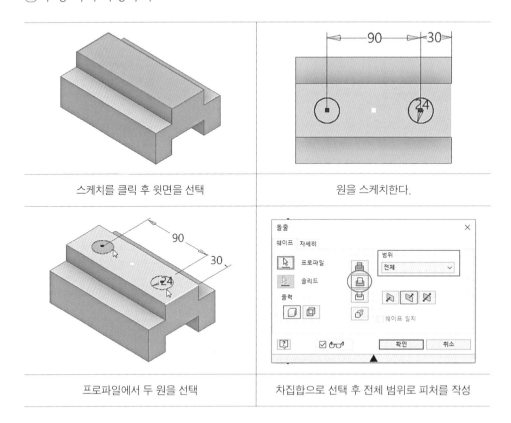

스케치를 클릭 후 윗면을 선택	원을 스케치한다.
프로파일에서 두 원을 선택	차집합으로 선택 후 전체 범위로 피처를 작성

2) 회전

스케치로 작성된 루프로 회전체를 작성할 수 있다.

회전 피처를 형성하기 위해서는 '축'을 반드시 지정해야 한다.

(1) 회전 피처 작성 방법

① '2D 스케치 시작' 후 피처 윗면에 평면을 설정
하고 스케치를 작성 후 스케치 마무리한다.

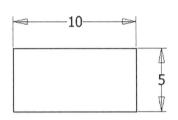

② 회전 명령을 선택 후 프로파일과 축을 선택하여 피처를 생성한다.

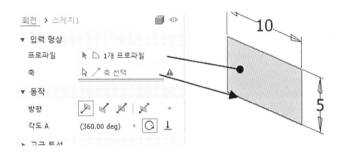

■ 접합/차집합/교집합과 범위 내용은 돌출 명령과 동일하다.

> **TIP**
>
> 회전체의 축을 스케치에서 중심선으로 변경한다면 회전 명령에서 스케치의 중심선이
> 축으로 자동 적용된다.

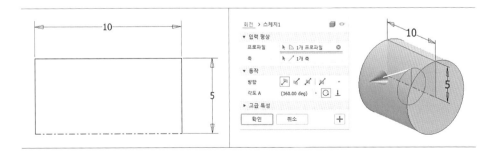

3) 스윕

사용자가 작성한 경로 및 안내 레일을 따라 사용자가 작성한 루프대로 형상을 작성할 수 있다. 스윕 명령을 실행하기 위해서는 ① 루프 작성과 ② 안내 곡선 작성이 필요하다.

(1) 루프 작성

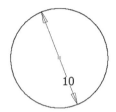

XY 평면 선택 후 스케치를 시작하여 스케치를 작성 후 스케치 마무리한다.

(2) 안내 곡선 작성

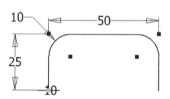

XZ 평면 선택 후 스케치를 시작하여, 안내 곡선으로 사용될 스케치를 작성 후 스케치 마무리한다.

(3) 스윕 명령을 실행한다.

① 루프와 ② 안내 곡선을 선택하여 스윕 명령을 실행한다.

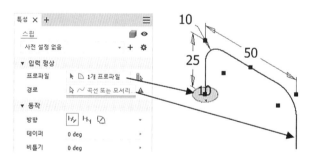

다음과 같이 스윕이 작성되었다.

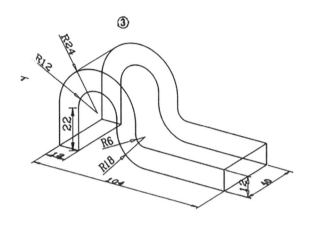

③

XY 평면을 선택하고 우클릭하여 새 스케치 작성을 한다.	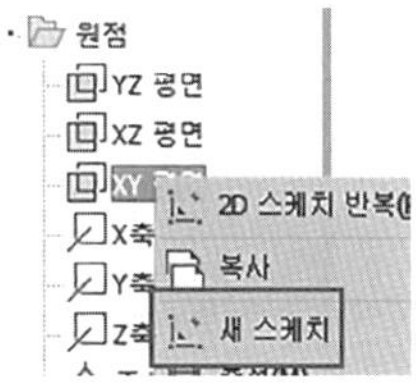
그림과 같이 스케치하고, 스케치 마무리한다.	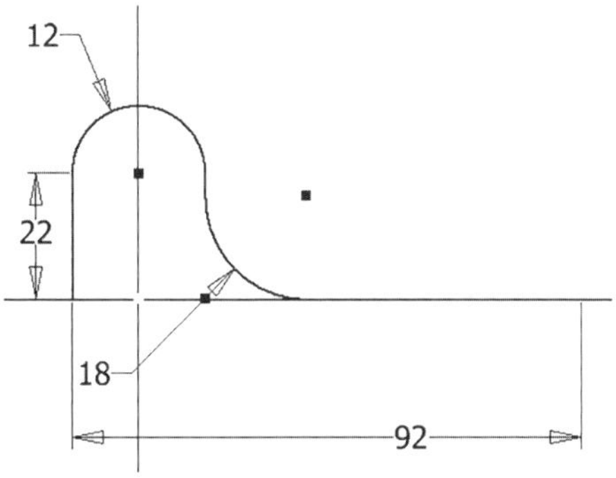
2D 스케치 시작을 클릭하고 XZ 평면을 선택한다.	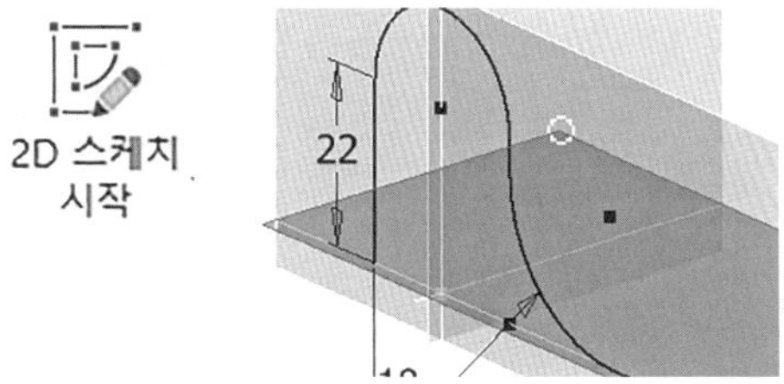

형상 투영 명령을 클릭하고 그림과 같이 XZ 평면에 수직한 직선의 끝점을 선택하여 기준 점을 작성한다.	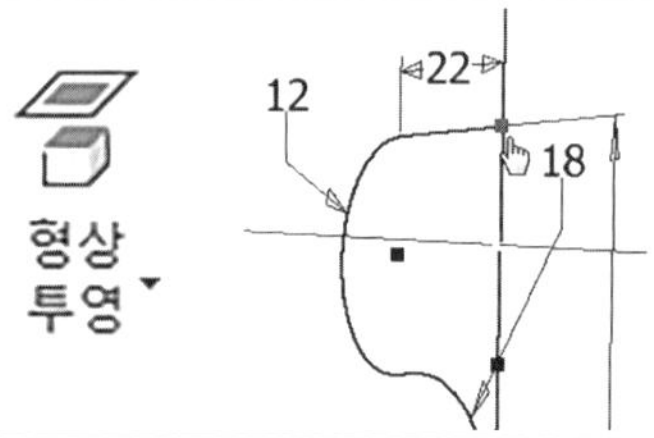
형상 투영하여 작성된 점을 기준으로 그림과 같이 사각형을 작성한다. 스케치 마무리한다.	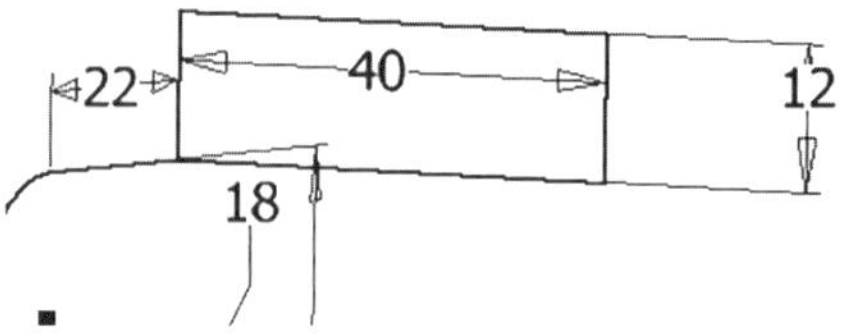
스윕 명령을 클릭한다.	
프로파일은 사각형을, 경로는 선분을 선택한다.	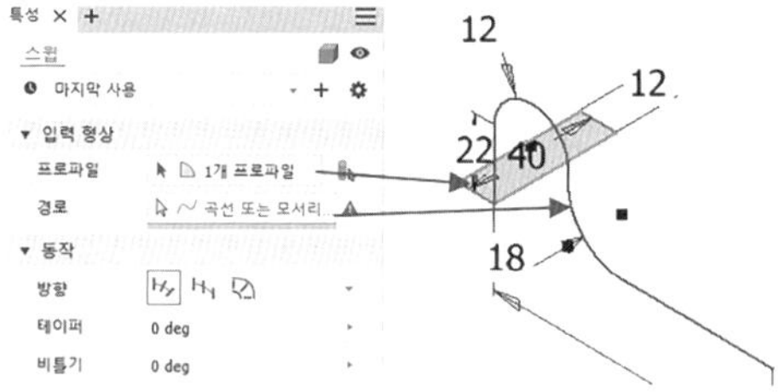
미리 보기로 형상을 확인한다.	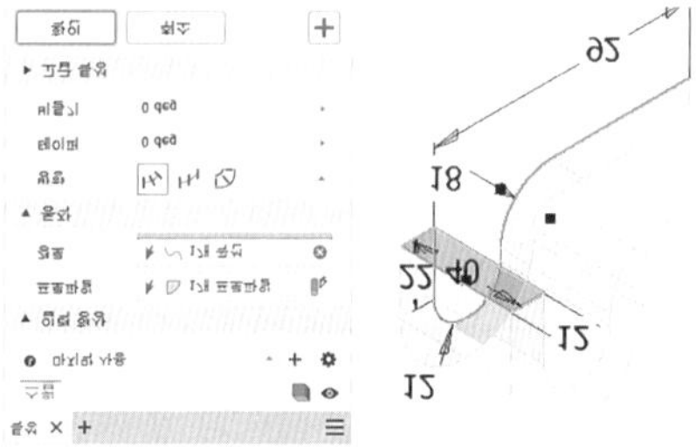
모델링이 완성되었다.	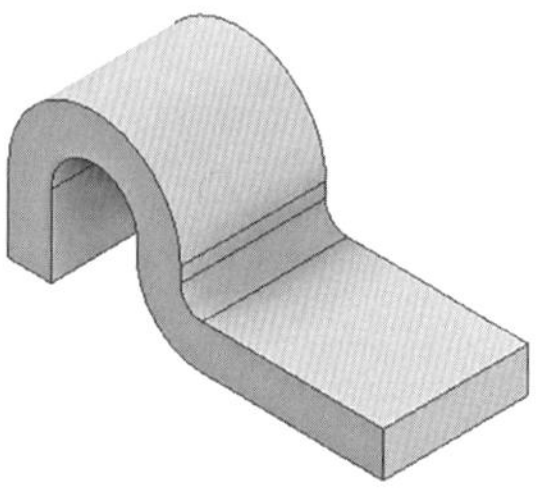

4) 로프트

로프트는 단면이라는 여러 프로파일을 혼합하여 하나의 형상으로 변이한다. 즉, 같은 방향의 평면에 서로 다른 모양을 가진 루프(스케치)의 형상대로 피처가 작성되고, 그 루프(스케치)는 형상의 단면이 된다.

(1) 기준 단면(루프) 스케치 작성

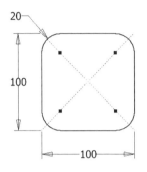

XY 평면 선택 후 스케치를 시작하여 단면이 될 스케치를 작성 후 스케치 마무리한다.

(2) 평면 생성

XY 평면으로부터 100, 150mm만큼 떨어져 있는 2개의 평면을 생성한다.

 ※ 평면을 생성하는 것은 105페이지에 설명되어 있다.

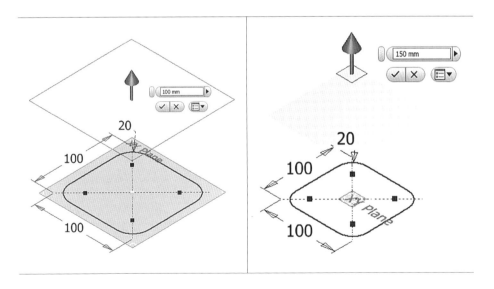

(3) 추가 단면 작성

XY 평면으로부터 100mm 떨어져 있는 평면을 선택 후 스케치를 시작하여 다음과 같이 스케치를 작성 후 스케치 마무리한다.

XY 평면으로부터 150mm 떨어져 있는 평면을 선택 후 스케치를 시작하여 다음과 같이 스케치를 작성 후 스케치 마무리한다.

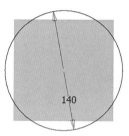

(4) 로프트 명령을 실행 후 단면을 차례로 선택하여 피처를 생성한다.

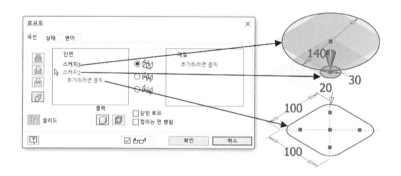

(5) 로프트 피처가 작성되었다.

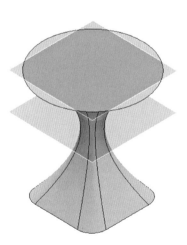

5) 코일

압축 스프링 또는 나사산 등 코일 형상의 피처를 작성한다.

스프링의 경우 코일의 횡단면을 나타내는 프로파일을 스케치하고, 회전축을 중심으로 프로파일을 감싸고, 크기 설정 및 끝 조건을 지정한다.

(1) 코일의 단면(코일의 형상)과 회전축 작성

XZ 평면 선택 후 스케치를 시작하여 스케치를 작성 후 스케치 마무리한다.

- 단면(코일의 형상): 2mm 지름의 원
- 회전축(코일 피처의 중심축): 20mm 수직선

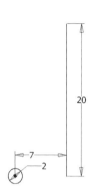

(2) 코일 명령을 실행 후 프로파일(코일의 단면)과 축을 선택한다.

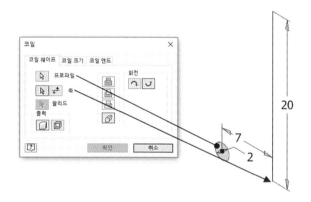

(3) 사용자에 맞는 옵션을 선택한다.

사용자에 맞는 코일 사이즈를 쉽게 적용하기 위해서 코일 크기 유형 - 피치 및 높이로 할 것을 추천한다. 이때 높이는 코일 전체 높이이다.

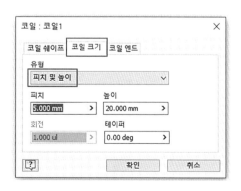

(4) 코일이 완성되었다.

6) 리브(보강대)

리브(보강대)의 중간 면이 될 평면을 선택하여(혹은 새 평면을 작성하여) 리브 형
상의 스케치를 작성하여 기존 피처를 감싸는 리브 피처를 작성한다.

① YZ 평면 선택 후 스케치를 시작하여 ①의 그림과 같이 스케치를 작성하고 피처
를 생성한다.

② YZ 평면 선택 후 스케치를 시작하여 리브가 될 선을 작성 후 스케치 마무리한다.

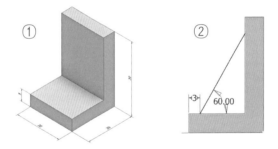

③ 리브 명령 실행 후 "스케치 평면에 평행"을 선택 후 프로파일을 선택하고 두께
값을 입력하여 리브를 생성한다.

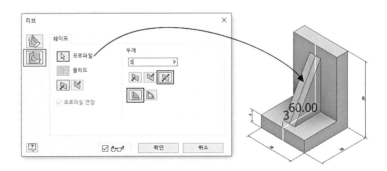

2. 수정 명령어

1) 구멍

드릴 구멍, 카운트 보링 등 여러 구멍을 형성할 수 있다.

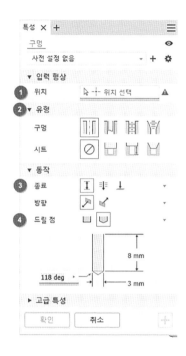

(1) 위치

구멍의 위치를 결정한다.

① 스케치가 있을 경우

구멍 명령을 실행하기 전 구멍 위치 스케치가 이미 작성되어 있을 때 사용한다. 이미 스케치가 있다면 배치에서 시작 스케치로 자동 선택된다. 중심을 스케치의 점을 선택한다.

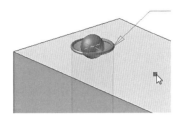

② 스케치가 없을 경우

피처의 모서리를 치수 기준으로 하여 구멍의 위치를 바로 결정한다. 구멍 1개
만 실행할 수 있다.

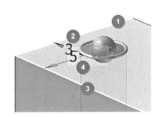

순서: 치수 기준선 선택 → 치수 입력 → 다른 치수 기준선 선택 → 치수 입력

③ 동심

구멍 명령을 실행하기 전에 이미 원형 피처가 작성되어 있고 그 원형 피처와
동심인 구멍을 작성한다.

구멍이 시작되는 면을 선택	동심이 될 수 있는 원의 원주 면을 선택

(2) 구멍의 종류

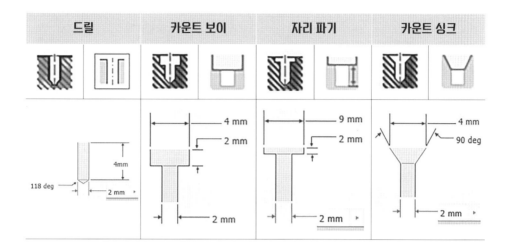

(3) 구멍의 값

구멍 옵션에 따른 값을 작성

(4) 드릴 점

플랫(앤드밀) / 각도(드릴)

(5) 종료

구멍의 깊이를 결정   종료   깊이 값 / 관통 / 종료 면 지정

(6) 드릴 구멍의 종류

단순 구멍 / 틈새구멍 / 탭 구멍 / 테이퍼 탭 구멍

* 탭(암나사) 구멍 작성하기

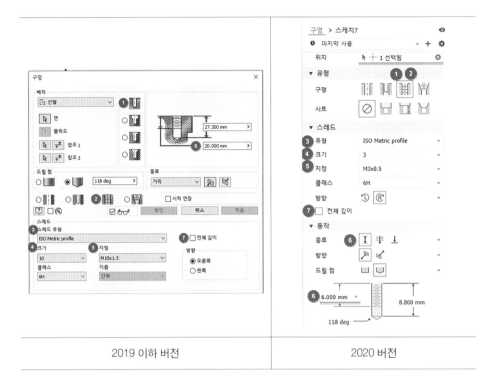

2019 이하 버전	2020 버전

① 드릴 구멍 선택

② 탭 구멍 선택

③ 스레드 유형에서 ISO Metric profile 선택

④ 크기: 암나사의 호칭 지름 선택

⑤ 지정: 암나사 호칭 지름에 따른 피치 선택

⑥ 깊이: 탭 깊이(완전 나사부) 작성

*** 탭 깊이를 작성하면 드릴 깊이(불완전 나사부)는 자동 작성**

⑦ 전체 깊이: 드릴 구멍 전체가 탭 구멍일 때 선택

3D 형상 모델링에서 나사를 표현할 때는 불완전 나사부는 그래픽으로 표현된다. 도면 작업 시 제도 규격에 맞게 도시되기 위해서이다. 실제로 나사 모양으로 모델링하고 싶다면, 코일 명령을 사용하여 나사를 작성하도록 한다.

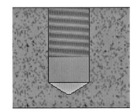

2) 모깎기

작성되어 있는 피처의 모서리에 모깎기(라운드, 필렛)을 작성한다.

(1) 모서리 모깎기

모깎기를 작성 할 모서리를 선택 후 반지름값을 입력하여 형성

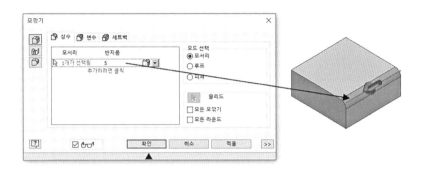

모드 선택에서 사용자에 맞는 옵션을 선택한다.

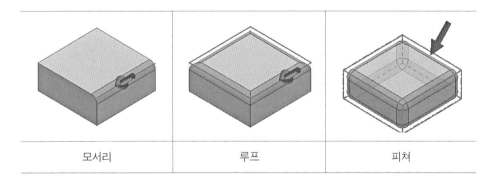

| 모서리 | 루프 | 피처 |

TIP

객체 선택 취소는 Ctrl키를 누르고 재선택하면 선택이 취소된다.

(2) 전체 둥글리기

피처를 반원 형상으로 전체 둥글리게 작성

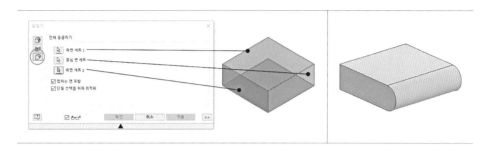

3) 모따기

작성되어 있는 피처의 모서리에 모따기(챔퍼)를 작성한다.

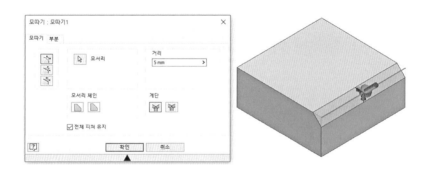

모서리를 선택 후 거리값을 지정한다. 모서리 옵션(거리/거리 및 각도/두거리)은 스케치 모따기 옵션과 동일한다.

4) 셀

셀 피처는 부품 내부에서 재질을 제거하여 지정된 두께의 벽으로 된 속 빈 중공을 작성한다. 선택된 면을 제거하여 셀 개구부를 구성할 수 있다.

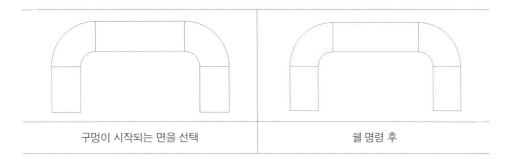

구멍이 시작되는 면을 선택	쉘 명령 후

① 그림과 같이 피처를 작성한다. (30*30*20 사각형)

② 쉘 명령을 선택 후 두껫값을 작성한다.

③ 면 제거 선택하기: 쉘 명령 선택 후 면 제거에서 제거할 면을 선택한다.

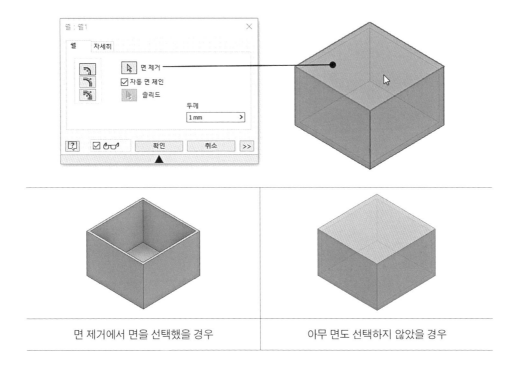

면 제거에서 면을 선택했을 경우	아무 면도 선택하지 않았을 경우

5) 스레드

수나사를 작성할 수 있다.

그림과 같은 원통을 작성한다. (10*20)

스레드 명령 실행 후 면 선택에서 원통 피처의 원주 면을 선택한다.

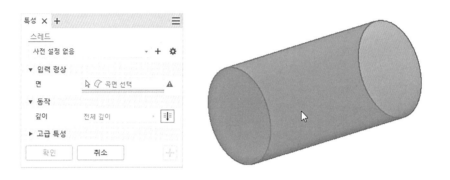

스레드 길이에서 전체 길이를 해제하여 아래와 같이 길이값을 별도로 지정할 수 있다.

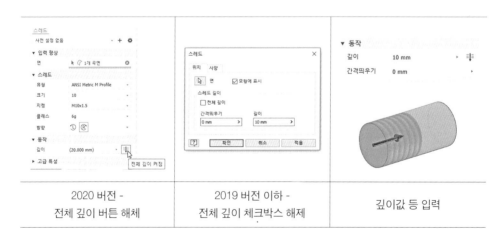

2020 버전 - 전체 깊이 버튼 해제	2019 버전 이하 - 전체 깊이 체크박스 해제	깊이값 등 입력

* 3D 형상 모델링에서 나사를 표현할 때는 불완전 나사부는 그래픽으로 표현된다. 도면 작업 시 제도규격에 맞게 도시되기 위해서이다.

3. 작업 피처

1) 평면

원점 평면 외에 작업 평면을 작성할 수 있다.

	평면	선택한 객체를 통과하는 구성 평면을 작성한다. 꼭짓점, 모서리 또는 면을 선택하여 평면을 정의
	평면에서 간격 띄우기	지정된 간격 띄우기 거리에서 선택된 면에 평행한 작업 평면을 작성한다. 평면형 면을 선택하고 간격 띄우기 방향으로 끈다. 편집 상자에 값을 입력하여 간격 띄우기 거리를 지정
	점을 통과하여 평면에 평행	점을 통과하여 선택된 점, 면 또는 평면에 평행한 작업 평면을 작성. 평면형 면 또는 작업 평면 및 임의의 점을 선택한다(순서와 관계없음). 작업 평면 좌표계는 선택한 평면에서 파생
	두 평면 간의 중간 평면	두 평면형 면 또는 두 평면의 중간에 작업 평면을 작성. 두 평행 평면형 면 또는 작업 평면을 선택. 새 작업 평면은 좌표계에 따라 방향이 정해지고 첫 번째 선택한 평면과 같은 외부 법선을 포함
	원환의 중간 평면	원환의 중심 또는 중간 평면을 통과하는 작업 평면을 작성. 원환을 선택
	모서리를 중심으로 평면에 대한 각도	부품 면 또는 평면에서 90도 각도로 작업 평면을 작성. 부품 면 또는 평면 및 해당 면에 평행한 모서리나 선을 선택. 편집 상자에 원하는 각도를 입력
	두 개의 성일 평면상의 모서리	두 개의 동일 평면상 작업 축, 모서리 또는 선을 통과하는 작업 평면을 작성. 두 개의 동일 평면상 작업 축, 모서리 또는 선을 선택. 양의 X축은 첫 번째 선택된 모서리를 따라 방향이 정해진다.
	모서리를 통과하여 곡면에 접함	모서리를 통과하고 곡면에 접하는 작업 평면을 작성. 곡선 면과 선형 모서리를 선택(순서와 관계없음). X축은 면에 접하는 선으로 정의. 양의 Y축은 X축으로부터 모서리까지 정의
	점을 통과하여 곡면에 접함	부품 파일에만 해당. 끝점, 중간 점 또는 작업 점을 통과하고 작업 곡면에 접하는 작업 평면을 작성. 곡선 면과 끝점, 중간 점 또는 작업 점을 선택. X축은 면에 접하는 선으로 정의

	곡면에 접하고 평면에 평행	곡면에 접하고 평면에 평행한 작업 평면을 작성. 곡선 면 및 평면형 면 또는 작업 평면을 선택(순서와 관계 없음). 새 작업 평면 좌표계는 선택된 평면에서 파생. 이 방법은 면에 접하는 작업 평면이나 평면에 수직인 평면을 작성하는 데 사용
	점을 통과하여 축에 수직	끝점, 중간 점 또는 작업 점을 통과하고 모서리 또는 작업 축에 직각인 작업 평면을 작성. 선형 모서리 또는 축 및 점을 선택(순서와 관계 없음)
	점에서 곡선에 수직	꼭짓점, 모서리 중간 점, 스케치 점 또는 작업 점을 통과하고 곡선에 직각인 작업 평면을 작성. 비선형 모서리 또는 스케치 곡선(호, 원, 타원 또는 스플라인) 및 곡선의 꼭짓점, 모서리 중간 점, 스케치 점 또는 작업 점을 선택. 새 작업 평면은 곡선에 수직이며 점을 통과

(1) 평면에서 간격 띄우기

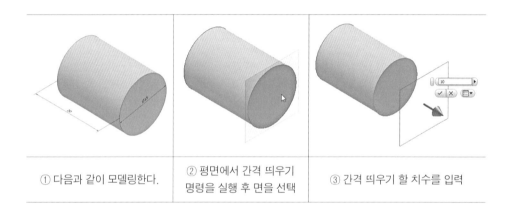

① 다음과 같이 모델링한다.	② 평면에서 간격 띄우기 명령을 실행 후 면을 선택	③ 간격 띄우기 할 치수를 입력

(2) 곡면에 접하고 평면에 평행

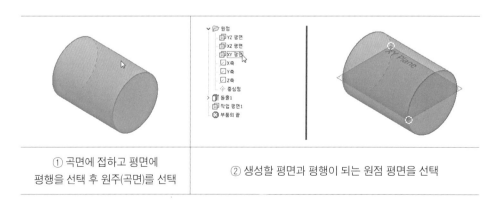

① 곡면에 접하고 평면에 평행을 선택 후 원주(곡면)를 선택	② 생성할 평면과 평행이 되는 원점 평면을 선택

(3) 평면이 생성되었다.

평면 따라 하기

아래 도면을 보고 평면을 따라 하도록 한다.

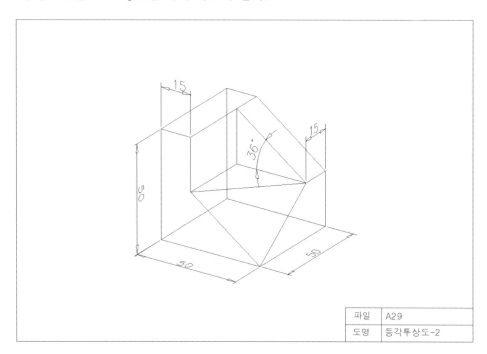

파일	A29
도명	등각투상도-2

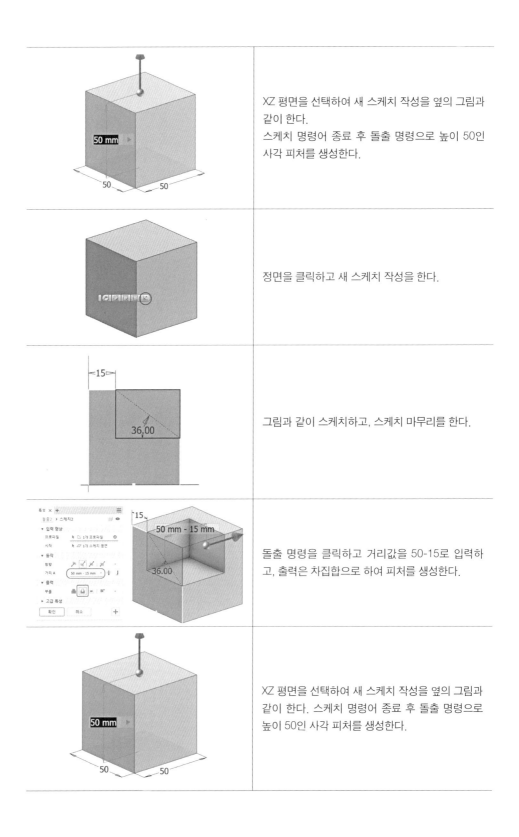

XZ 평면을 선택하여 새 스케치 작성을 옆의 그림과
같이 한다.
스케치 명령어 종료 후 돌출 명령으로 높이 50인
사각 피처를 생성한다.

정면을 클릭하고 새 스케치 작성을 한다.

그림과 같이 스케치하고, 스케치 마무리를 한다.

돌출 명령을 클릭하고 거리값을 50-15로 입력하
고, 출력은 차집합으로 하여 피처를 생성한다.

XZ 평면을 선택하여 새 스케치 작성을 옆의 그림과
같이 한다. 스케치 명령어 종료 후 돌출 명령으로
높이 50인 사각 피처를 생성한다.

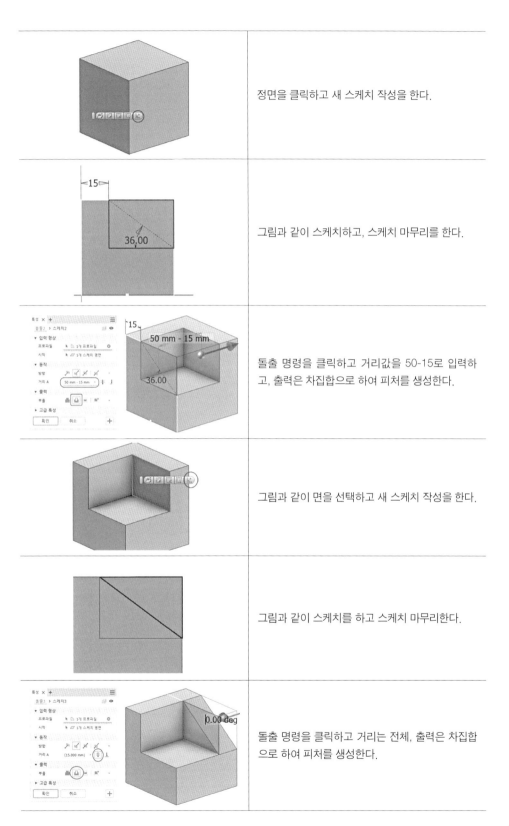

정면을 클릭하고 새 스케치 작성을 한다.

그림과 같이 스케치하고, 스케치 마무리를 한다.

돌출 명령을 클릭하고 거리값을 50-15로 입력하고, 출력은 차집합으로 하여 피처를 생성한다.

그림과 같이 면을 선택하고 새 스케치 작성을 한다.

그림과 같이 스케치를 하고 스케치 마무리한다.

돌출 명령을 클릭하고 거리는 전체, 출력은 차집합으로 하여 피처를 생성한다.

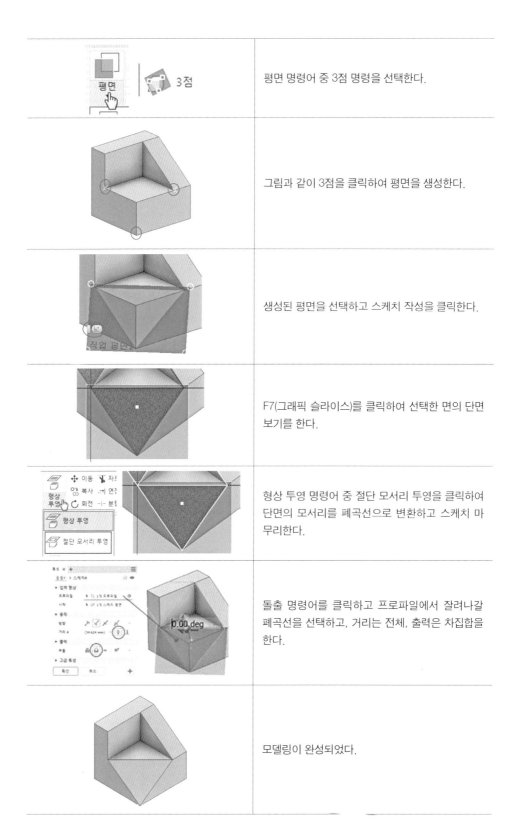

	평면 명령어 중 3점 명령을 선택한다.
	그림과 같이 3점을 클릭하여 평면을 생성한다.
	생성된 평면을 선택하고 스케치 작성을 클릭한다.
	F7(그래픽 슬라이스)를 클릭하여 선택한 면의 단면 보기를 한다.
	형상 투영 명령어 중 절단 모서리 투영을 클릭하여 단면의 모서리를 폐곡선으로 변환하고 스케치 마무리한다.
	돌출 명령어를 클릭하고 프로파일에서 잘려나갈 폐곡선을 선택하고, 거리는 전체, 출력은 차집합을 한다.
	모델링이 완성되었다.

4. 패턴

1) 직사각형 패턴

① 아래와 같이 피처를 작성한다. (50*50*2t)

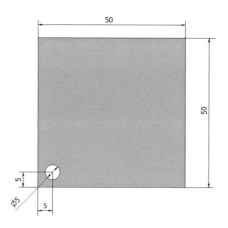

② 직사각형 패턴 명령을 실행한다.

피처는 지름 5인 원을 선택하고, 방향 1(세로 방향)과 방향 2(가로 방향)를 선택한다. 방향은 패턴의 방향성만 명령하는 것으로 특정 선분을 선택하는 것은 아니다. 사용자가 원하는 방향의 아무 선분이나 선택하여도 된다.

피처의 선이 없을 경우, 모형의 원점 폴더의 축을 선택하여도 된다.

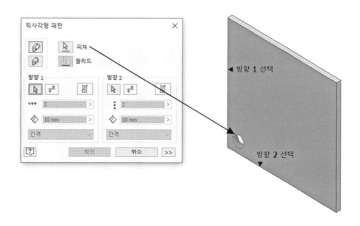

③ 수량 5개, 간격 10mm를 작성한다.

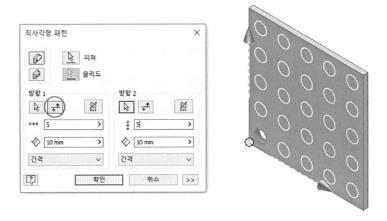

④ 패턴 된 객체 중 억제하고 싶은 객체가 있을 때 모형의 패턴에서 객체를 **우클릭**
하여 억제할 수 있다.

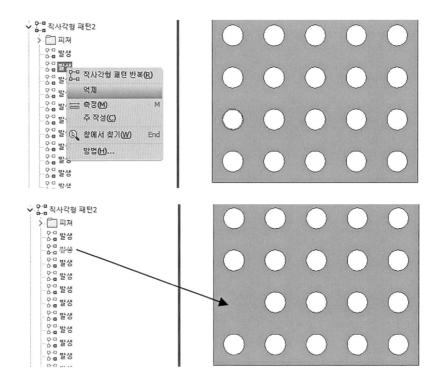

2) 원형 패턴

① 아래와 같이 피처를 작성한다.

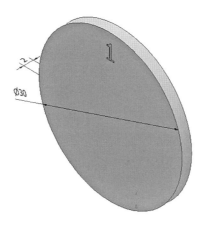

② 원형 패턴 명령을 선택 후 피처는 숫자 1을, 회전축은 원을 선택한다.

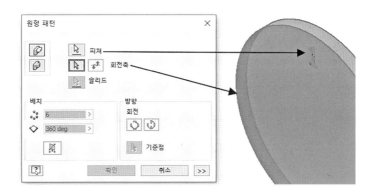

③ 배치에서 수량을 12개, 전체 각도는 360 deg로 작성한다.

④ 방향 회전

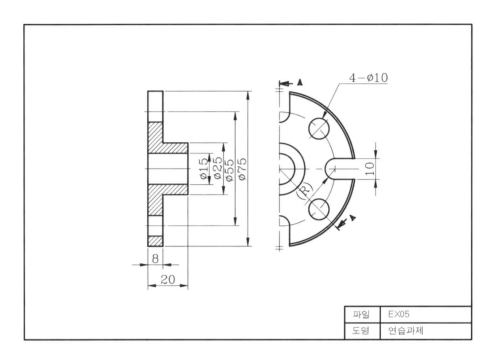

파일	EX05
도명	연습과제

대칭 명령을 사용하여 피처를 모델링하도록 한다.

사용 명령어: 스케치(슬롯), 돌출, 구멍, 원형 패턴

　　　　　다른 명령어를 사용하여도 무방하다.

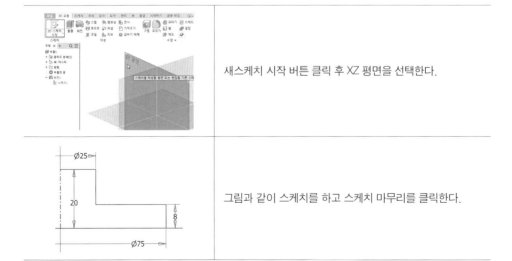

(새스케치 화면)	새스케치 시작 버튼 클릭 후 XZ 평면을 선택한다.
(스케치 치수 그림)	그림과 같이 스케치를 하고 스케치 마무리를 클릭한다.

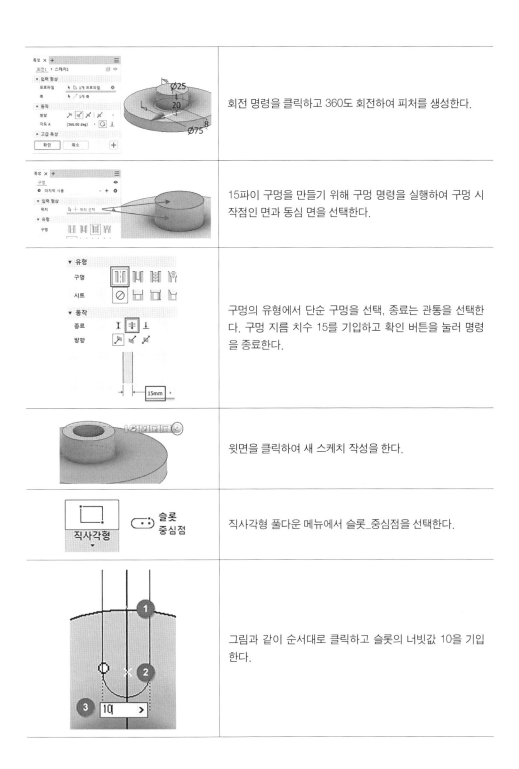

	회전 명령을 클릭하고 360도 회전하여 피처를 생성한다.
	15파이 구멍을 만들기 위해 구멍 명령을 실행하여 구멍 시작점인 면과 동심 면을 선택한다.
	구멍의 유형에서 단순 구멍을 선택, 종료는 관통을 선택한다. 구멍 지름 치수 15를 기입하고 확인 버튼을 눌러 명령을 종료한다.
	윗면을 클릭하여 새 스케치 작성을 한다.
	직사각형 풀다운 메뉴에서 슬롯_중심점을 선택한다.
	그림과 같이 순서대로 클릭하고 슬롯의 너빗값 10을 기입한다.

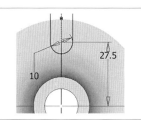

슬롯의 위치를 고정하고, 스케치 마무리를 클릭한다.

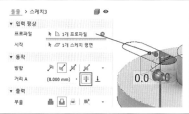

돌출 명령을 선택하여 프로파일은 슬롯을 선택하고 거리를 전체 관통을 선택하여 피처를 생성한다.

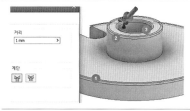

모따기 명령을 클릭하여 그림과 같이 3개의 모서리를 선택하고, 거리값 1을 기입하여 모따기 피처를 생성한다.

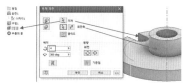

원형 패턴 명령을 선택하여 피처는 슬롯 피처를, 회전축은 원통 면을 선택하고, 배치에서 수량을 4개로 작성하여 패턴 피처를 생성한다.

지름 10인 구멍을 생성하기 위하여 윗면에 새 스케치 명령을 준다.

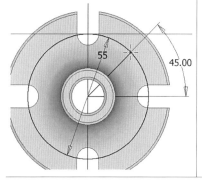

스케치 모드에서 점을 작성하고, 그림과 같이 스케치를 한다.

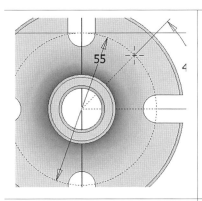

점을 제외한 나머지 선은 구성선분으로 변경하고 스케치를 종료한다.

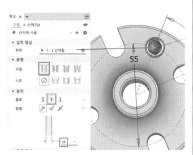

구멍 명령을 선택하면 직전 스케치에서 작성한 점이 자동 선택되는 것을 미리 볼 수 있다.
구멍 유형은 단순 구멍, 종류는 관통, 구멍 지름은 10을 기입하여 구멍 피처를 생성한다.

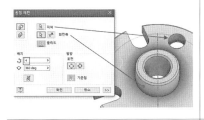

원형 패턴 명령을 주어 피처는 10파이 원을, 회전축은 원통면을 선택하고 배치에서 수량은 4로 작성하여 원형 패턴 피처를 작성한다.

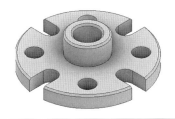

모델링이 완성되었다.

3) 대칭

미러 명령은 평면에서 동일한 거리에 하나 이상의 피처, 전체 솔리드 또는 새 본체의 반전 사본을 만든다. 작업 평면 및 미러 평면의 기존 평면형 면을 사용한다.

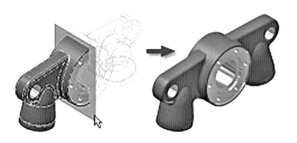

① 아래와 같이 피처를 작성한다.

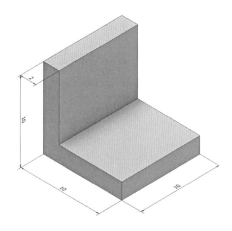

② 대칭 명령을 실행하기 위해서 기준 평면이 중요하다. 원점 평면을 사용하거나, 새로 평면을 만들어 대칭 객체의 기준 평면을 만들어 준다.

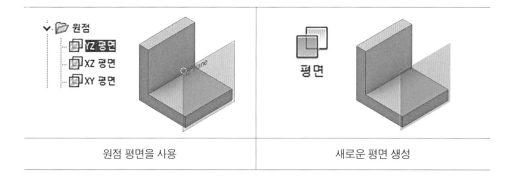

원점 평면을 사용	새로운 평면 생성

③ 미러 명령을 실행 후 객체와 기준 평면을 차례로 선택한다.

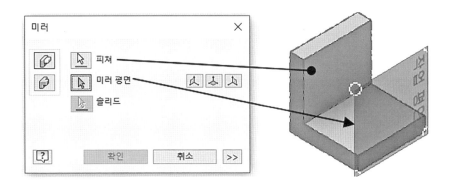

④ 아래와 같이 대칭된 객체를 작성할 수 있다.

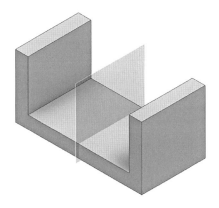

대칭 따라 하기

대칭 명령을 사용하여 피처를 모델링하도록 한다.

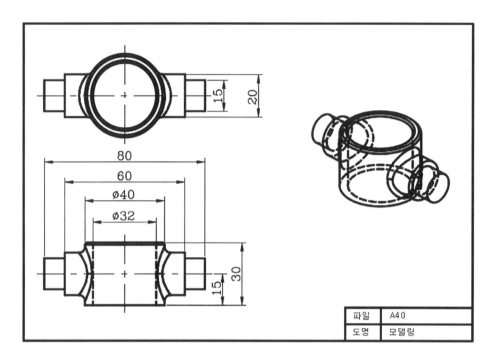

파일	A40
도명	모델링

사용 명령어: 돌출, 회전, 대칭

다른 명령어를 사용하여도 무방하다.

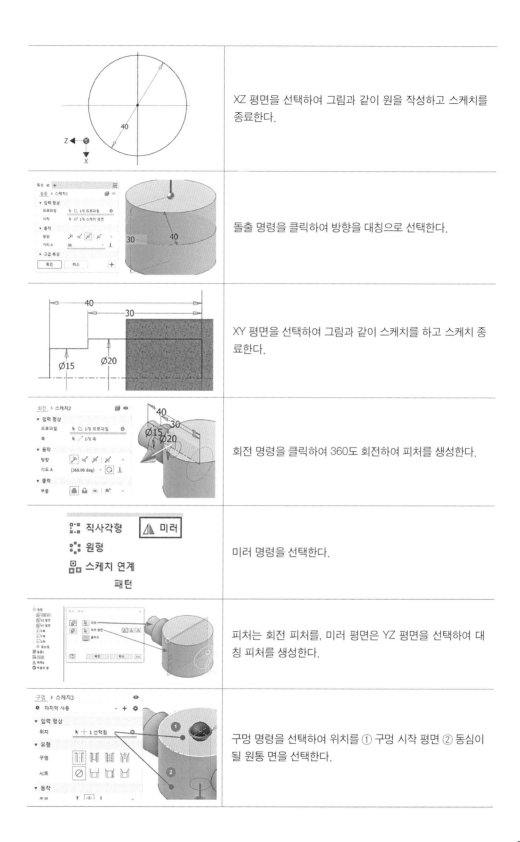

	XZ 평면을 선택하여 그림과 같이 원을 작성하고 스케치를 종료한다.
	돌출 명령을 클릭하여 방향을 대칭으로 선택한다.
	XY 평면을 선택하여 그림과 같이 스케치를 하고 스케치 종료한다.
	회전 명령을 클릭하여 360도 회전하여 피처를 생성한다.
	미러 명령을 선택한다.
	피처는 회전 피처를, 미러 평면은 YZ 평면을 선택하여 대칭 피처를 생성한다.
	구멍 명령을 선택하여 위치를 ① 구멍 시작 평면 ② 동심이 될 원통 면을 선택한다.

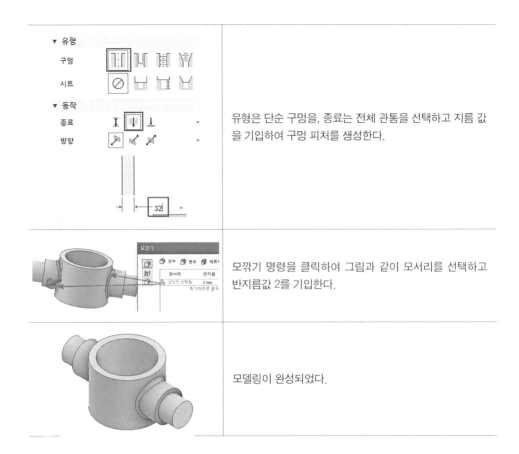

유형은 단순 구멍을, 종료는 전체 관통을 선택하고 지름 값을 기입하여 구멍 피처를 생성한다.

모깎기 명령을 클릭하여 그림과 같이 모서리를 선택하고 반지름값 2를 기입한다.

모델링이 완성되었다.

5. 변환

부품을 작성할 때에는 절곡물(판금)과 가공물로 구분할 수 있다.

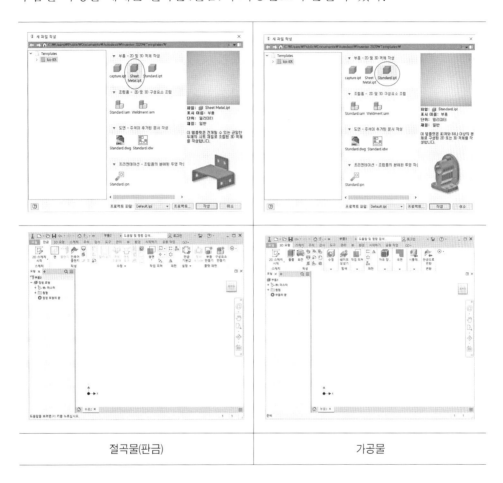

절곡물(판금)	가공물

절곡물과 가공물은 사용자 인터페이스가 다르기 때문에 템플릿 선택 시 신중하게 선택해야 한다.

절곡물과 가공품은 서로 변환은 가능하지만 작업한 뒤 변환하여 모델링 작업을 할 경우 특정 명령어 사용이 되지 않을 수 있다.

6. 파트 모델링 수정하기

피처가 작성되면 피처의 형상인 스케치는 해당 피처에 종속되기 때문에 파트를
수정하고자 할 때 형상과 피처를 구분하여 스케치 수정 또는 피처 수정을 적절하게
사용하도록 한다.

파트 모델링 수정하는 방법은 2가지가 있다. 피처를 선택하여 수정하거나 모형에
서 우클릭하여 수정한다.

1) 피처를 선택하여 수정

① 피처 편집: 피처를 수정
② 스케치 편집: 스케치(피처의 형상)을 수정
③ 스케치 공유: 피처에 종속되어 있는 스케치를 공유

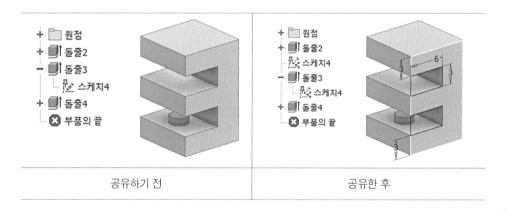

공유하기 전	공유한 후

④ 스케치 보이게 함: 스케치를 보이게 한다.
⑤ 스케치 작성: 면에 새로운 스케치를 작성

2) 모형에서 피처 선택 후 우클릭

① 복사: 피처를 연관 복사

② 치수 표시: 피처의 스케치 치수가 보이게 한다.

③ 피처 억제: 삭제가 아닌 억제

> ·◻️ 돌출3 (억제됨)

④ 가변: 작업 피처, 스케치된 피처, 부품 또는 부
   분 조립품을 가변화하고, 다른 구성 요소의 형상
   을 작업 피처의 원점으로 사용하고, 구성 요소를
   가변과 유연성 간에 전환할 수 있다.

3) 피처 삭제하기

삭제하고 싶은 피처를 클릭 후 Delete 키를 누른다.

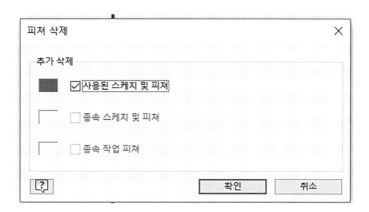

위의 그림과 같이 피처만 삭제(스케치는 삭제하지 않음)하거나 피처와 스케치를
모두 삭제할 수 있다.

4) 부품의 끝 이동하기

'부품의 끝'을 선택 후 위나 아래로 마우스를 움직이면 작업 순서를 차례로 확인할 수 있다.

7. 기타 기능

1) 주석

파트 모델링에서 치수 기입을 할 수 있다.

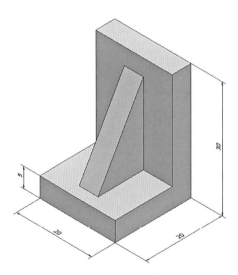

(1) 치수 작성하기

① 치수 명령어를 클릭한다.

	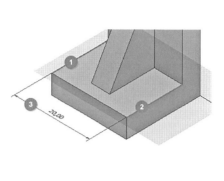
길이 측정: 치수를 작성할 선을 선택 후 치수 문자 위치를 지정	거리 측정: 선과 선 또는 면과 면 사이의 선택 후 치수 위치를 지정

(2) 주석 편집

치수를 우클릭하여 편집한다.

(3) 치수 삭제

치수를 클릭 후 Delete 키를 누른다.

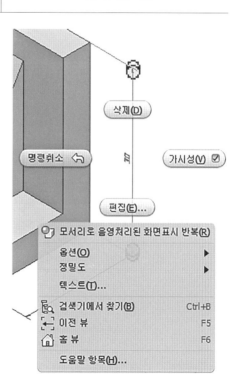

2) 도구

(1) 측정

검사 탭과 도구 탭에 있다.

① 길이 측정

측정 명령을 선택 후 측정하고 싶은 선분을 클릭

② 거리 측정

선과 선 또는 면과 면 사이의 선택 후 치수 위치를 지정

③ 리셋

빈 화면에 클릭하면 재측정 가능

(2) 재질

① 재질 명령을 선택

도구 탭 재질 명령 또는 퀵 메뉴바에 재질 드롭다운을 하여 동일하게 재질을 적용할 수 있다.

② 재질을 추가

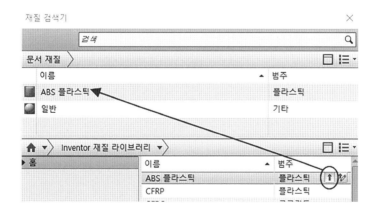

③ 재질을 변경하고 싶은 파트를 선택 후 재질을 클릭

(3) 모양 넣기

모양 명령 선택 후 변경하고 싶은 파트 선택 후 원하는 모양으로 변경한다. 재질
명령과 동일하게 사용한다.

(4) 색상 넣기

① 조정 명령을 선택한다.

② 색상을 변경하고 싶은 파트를 선택한다.
③ 색상 조정한다.

④ 색상 변경을 취소하고 싶으면 지우기 명령을 사용하여 색상 변경을 취소한다.

⑤ 색상 변경하고 싶은 파트를 선택 후 확인 버튼을 클릭한다.

3) iproperties

부품 특성을 입력하거나 알 수 있다.

* **부품 무게 계산하기**

① 파일 탭에서 iproperties를 클릭

② 파일의 일반적인 정보를 알 수 있다.

③ 프로젝트

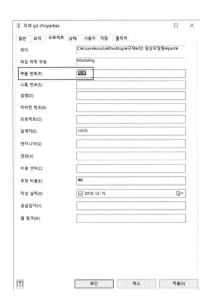

파트의 특징을 입력할 수 있으며, 프로젝트에 작성된 내용은 사용자가 정의한 도면에 자동으로 기입될 수 있다.

인벤터에서는 파일명이 부품번호로 자동 입력이 되기 때문에, 도면에서 파트의 부품번호를 링크하여 파트를 배치할 때 파일명이 자동으로 입력되도록 할 수 있다.

(4) 물리적

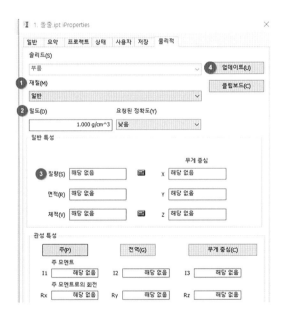

① 재질: 재질을 선택
* 재질을 적용해야지만 질량을 계산할 수 있다.
② 밀도: 재질을 적용하면 자동으로 밀도가 계산되지만, 사용자가 원하는 밀도 값으로 변경할 수 있다.
③ 질량: 재질과 밀도가 주어지면 자동으로 계산된다.
④ 업데이트: 재질과 밀도값이 주어졌음에도 질량값이 계산되지 않는다면 업데이트 기능을 사용

* 질량의 단위를 변경하고 싶다면,

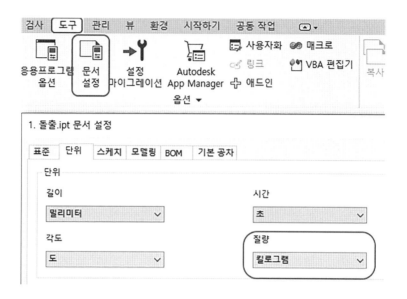

도구 탭 - 문서 설정 - 단위에서 사용자가 원하는 단위로 변경한다.

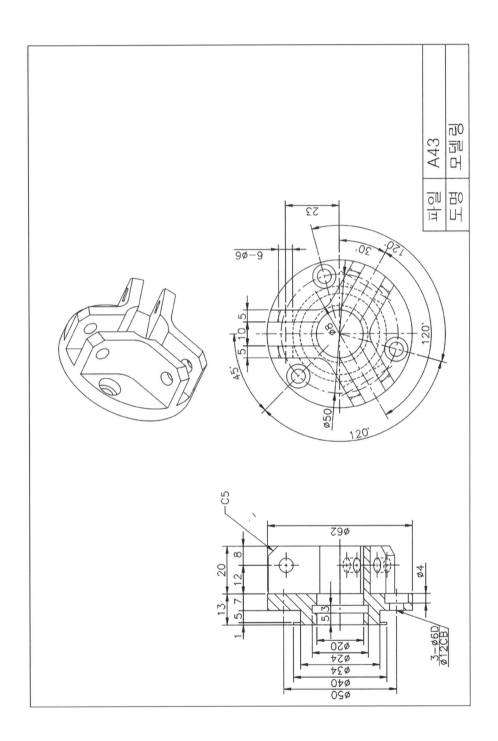

파일	A43
도명	모델링

PART 04 | 동력 전달 장치 모델링하기

1. 기어 모델링하기 (외접 / 내접 / 헬리컬 / 웜과 웜휠)

1) 기어 기초 이론

(1) 기어의 명칭

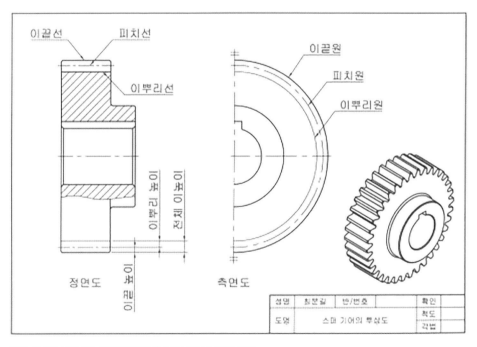

출처: 최문길선생님의 사이버제도교실, http://choisclass.com

(2) 기어의 계산 공식

	피치 원지름	이끝 원지름	전체 이 높이
외접 기어	모듈(M) x 잇수(Z)	피치 원지름 + 2M	2.25 x M
내접 기어		피치 원지름 - 2M	

(3) 기어 이빨 제도 방법

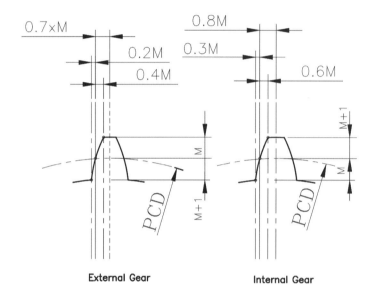

External Gear   Internal Gear

2) 스퍼기어(외접) 따라해보기

다음 도면을 보고 내접기어와 외접 기어를 그려 보도록 한다.

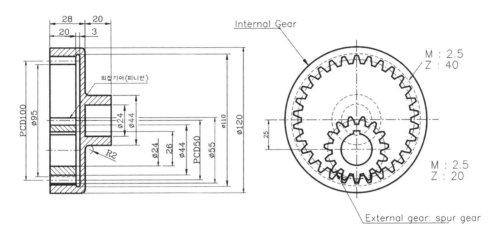

모듈이 2.5이고, 잇수가 20이므로 피치원 지름은 Ø 50이며, 이끝원은 Ø 55, 이뿌리원은 Ø 43이다.

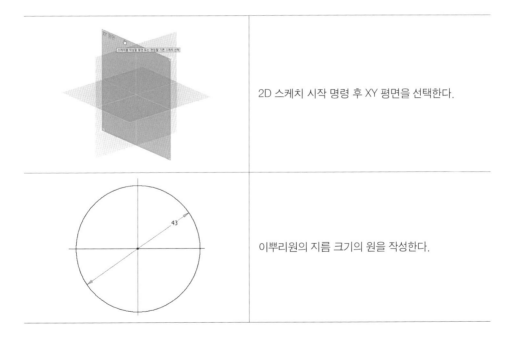

	2D 스케치 시작 명령 후 XY 평면을 선택한다.
	이뿌리원의 지름 크기의 원을 작성한다.

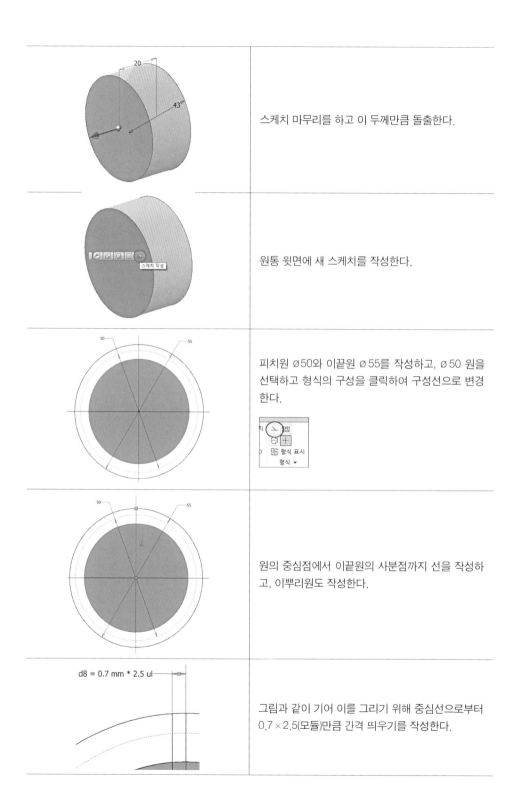

스케치 마무리를 하고 이 두께만큼 돌출한다.

원통 윗면에 새 스케치를 작성한다.

피치원 ⌀50와 이끝원 ⌀55를 작성하고, ⌀50 원을 선택하고 형식의 구성을 클릭하여 구성선으로 변경한다.

원의 중심점에서 이끝원의 사분점까지 선을 작성하고, 이뿌리원도 작성한다.

그림과 같이 기어 이를 그리기 위해 중심선으로부터 0.7×2.5(모듈)만큼 간격 띄우기를 작성한다.

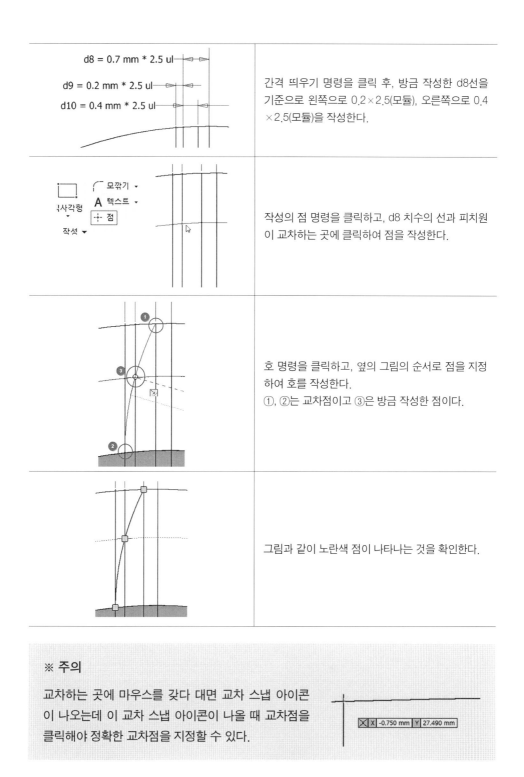 d8 = 0.7 mm * 2.5 ul d9 = 0.2 mm * 2.5 ul d10 = 0.4 mm * 2.5 ul	간격 띄우기 명령을 클릭 후, 방금 작성한 d8선을 기준으로 왼쪽으로 0.2×2.5(모듈), 오른쪽으로 0.4×2.5(모듈)을 작성한다.
모깎기 ▾ 사각형 ▾ A 텍스트 ▾ ⊹ 점 작성 ▾	작성의 점 명령을 클릭하고, d8 치수의 선과 피치원이 교차하는 곳에 클릭하여 점을 작성한다.
① ③ ②	호 명령을 클릭하고, 옆의 그림의 순서로 점을 지정하여 호를 작성한다. ①, ②는 교차점이고 ③은 방금 작성한 점이다.
	그림과 같이 노란색 점이 나타나는 것을 확인한다.

※ 주의

교차하는 곳에 마우스를 갖다 대면 교차 스냅 아이콘이 나오는데 이 교차 스냅 아이콘이 나올 때 교차점을 클릭해야 정확한 교차점을 지정할 수 있다.

X | x | -0.750 mm | Y | 27.490 mm

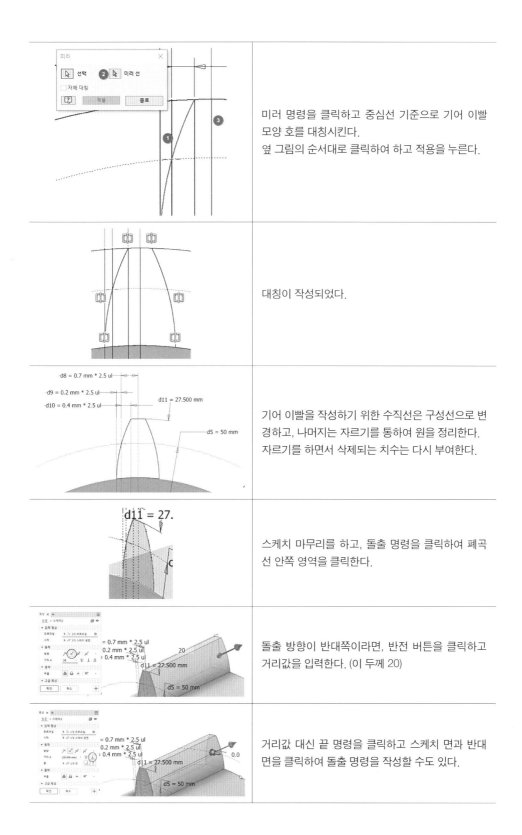

미러 명령을 클릭하고 중심선 기준으로 기어 이빨 모양 호를 대칭시킨다.
옆 그림의 순서대로 클릭하여 하고 적용을 누른다.

대칭이 작성되었다.

기어 이빨을 작성하기 위한 수직선은 구성선으로 변경하고, 나머지는 자르기를 통하여 원을 정리한다.
자르기를 하면서 삭제되는 치수는 다시 부여한다.

스케치 마무리를 하고, 돌출 명령을 클릭하여 폐곡선 안쪽 영역을 클릭한다.

돌출 방향이 반대쪽이라면, 반전 버튼을 클릭하고 거리값을 입력한다. (이 두께 20)

거리값 대신 끝 명령을 클릭하고 스케치 면과 반대 면을 클릭하여 돌출 명령을 작성할 수도 있다.

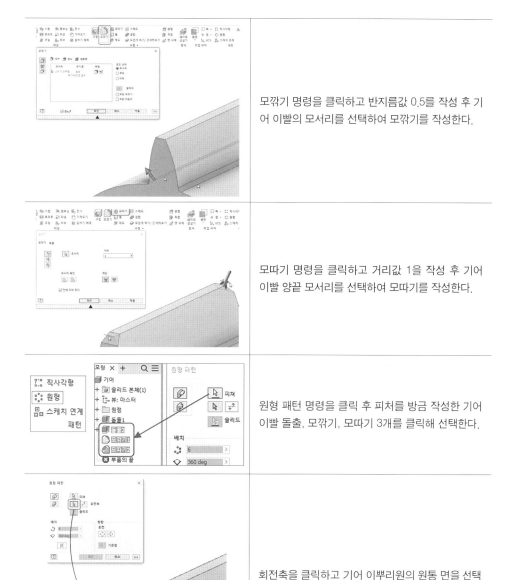

모깎기 명령을 클릭하고 반지름값 0.5를 작성 후 기어 이빨의 모서리를 선택하여 모깎기를 작성한다.

모따기 명령을 클릭하고 거리값 1을 작성 후 기어 이빨 양끝 모서리를 선택하여 모따기를 작성한다.

원형 패턴 명령을 클릭 후 피처를 방금 작성한 기어 이빨 돌출, 모깎기, 모따기 3개를 클릭해 선택한다.

회전축을 클릭하고 기어 이뿌리원의 원통 면을 선택하여 회전축을 지정한다.

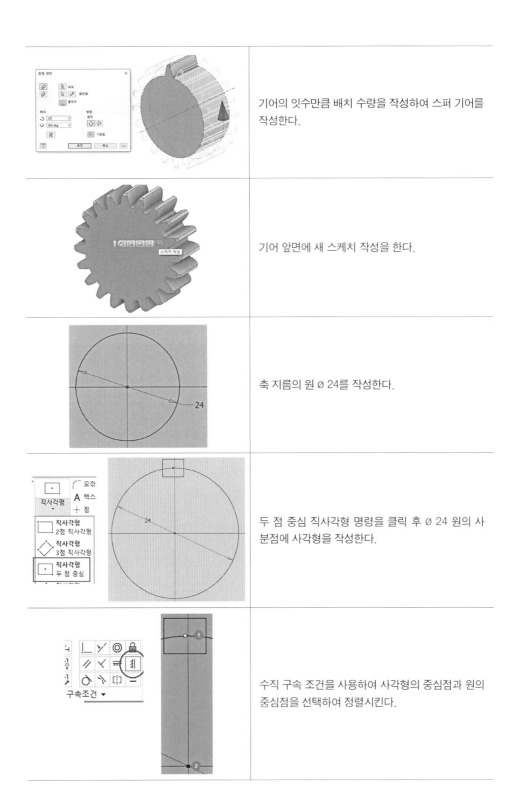

기어의 잇수만큼 배치 수량을 작성하여 스퍼 기어를 작성한다.

기어 앞면에 새 스케치 작성을 한다.

축 지름의 원 Ø 24를 작성한다.

두 점 중심 직사각형 명령을 클릭 후 Ø 24 원의 사분점에 사각형을 작성한다.

수직 구속 조건을 사용하여 사각형의 중심점과 원의 중심점을 선택하여 정렬시킨다.

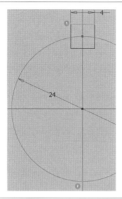

키 홈 치수(4x4)를 기입한다.

키 홈의 수평선을 클릭 후 원의 아래 사분점을 클릭
하여 치수 26을 기입한다.

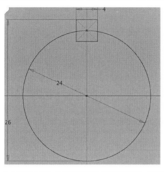

치수 기입 완료 후 스케치 마무리를 한다.

※ 2D 스케치 내에서 원형 또는 호 형상 사이에
  접선 치수 작성

다음 그림과 같이 치수 기입 시 접선 아이콘⚲이 생성
되어야 접선 치수 기입을 할 수 있다.

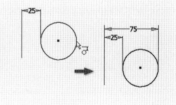

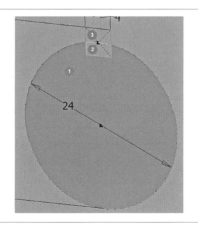

돌출 명령어 클릭 후 폐곡선 영역을 클릭한다.

	폐곡선 모양이 뚫리는 형상으로 방향을 조정하고, 전체 관통 버튼을 눌러 축과 키홈 구멍을 작성한다.
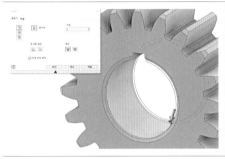	모따기 명령을 클릭하여 거리값을 1로 작성하고, 축 구멍 양쪽을 클릭하여 모따기를 생성한다.

3) 스퍼기어(내접) 따라해보기

모듈이 2.5이고, 잇수가 40이므로 피치원 지름은 Ø 100이며, 이뿌리원은 Ø 95이다.

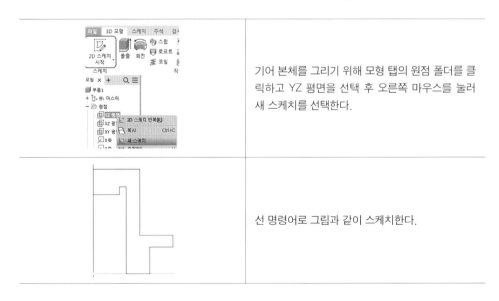	기어 본체를 그리기 위해 모형 탭의 원점 폴더를 클릭하고 YZ 평면을 선택 후 오른쪽 마우스를 눌러 새 스케치를 선택한다.
	선 명령어로 그림과 같이 스케치한다.

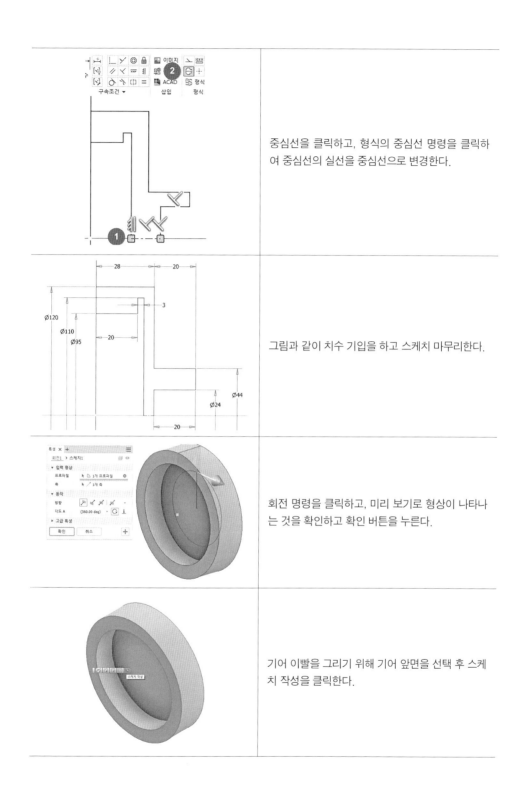

중심선을 클릭하고, 형식의 중심선 명령을 클릭하여 중심선의 실선을 중심선으로 변경한다.

그림과 같이 치수 기입을 하고 스케치 마무리한다.

회전 명령을 클릭하고, 미리 보기로 형상이 나타나는 것을 확인하고 확인 버튼을 누른다.

기어 이빨을 그리기 위해 기어 앞면을 선택 후 스케치 작성을 클릭한다.

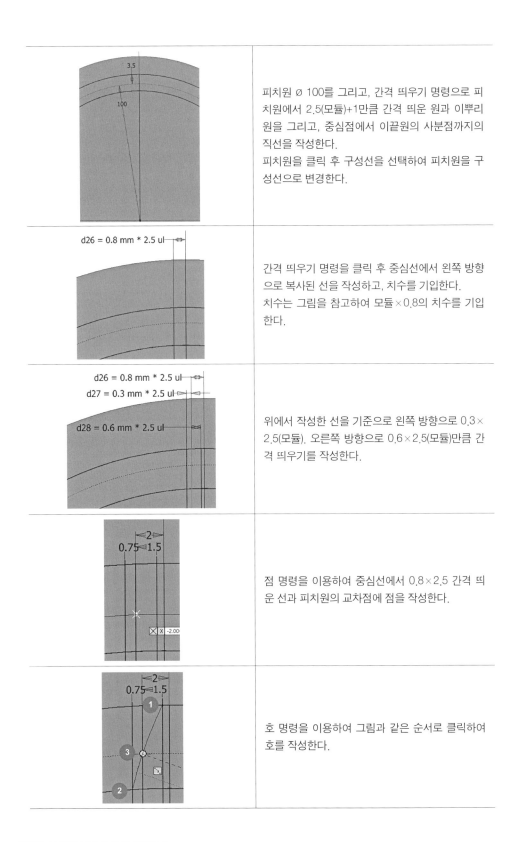

피치원 Ø 100를 그리고, 간격 띄우기 명령으로 피치원에서 2.5(모듈)+1만큼 간격 띄운 원과 이뿌리원을 그리고, 중심점에서 이끝원의 사분점까지의 직선을 작성한다.
피치원을 클릭 후 구성선을 선택하여 피치원을 구성선으로 변경한다.

간격 띄우기 명령을 클릭 후 중심선에서 왼쪽 방향으로 복사된 선을 작성하고, 치수를 기입한다.
치수는 그림을 참고하여 모듈×0.8의 치수를 기입한다.

위에서 작성한 선을 기준으로 왼쪽 방향으로 0.3×2.5(모듈). 오른쪽 방향으로 0.6×2.5(모듈)만큼 간격 띄우기를 작성한다.

점 명령을 이용하여 중심선에서 0.8×2.5 간격 띄운 선과 피치원의 교차점에 점을 작성한다.

호 명령을 이용하여 그림과 같은 순서로 클릭하여 호를 작성한다.

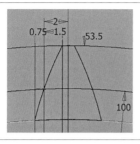

대칭 명령을 이용해 호를 중심선 기준으로 대칭한다.

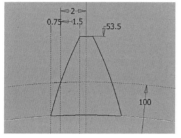

기어 이빨을 작성하기 위한 수직선은 구성선으로 변경하고, 나머지는 자르기를 통해 원을 정리한다. 자르기를 하면서 삭제되는 치수는 다시 부여한다.

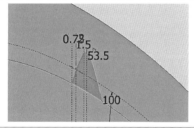

돌출 명령을 주어 폐곡선을 선택한다.

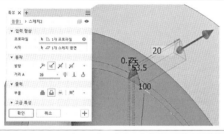

거리값으로 20을 작성 후 확인버튼을 누른다.

모깎기 명령어를 클릭하고 반지름값 0.5를 기어 이빨의 양 끝을 선택한다.

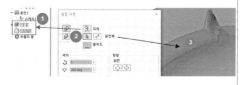

원형 패턴 명령을 클릭 후 기어 이빨과 모깎기를 피처로 선택하고 회전축을 클릭하여 원통 면을 클릭한다.

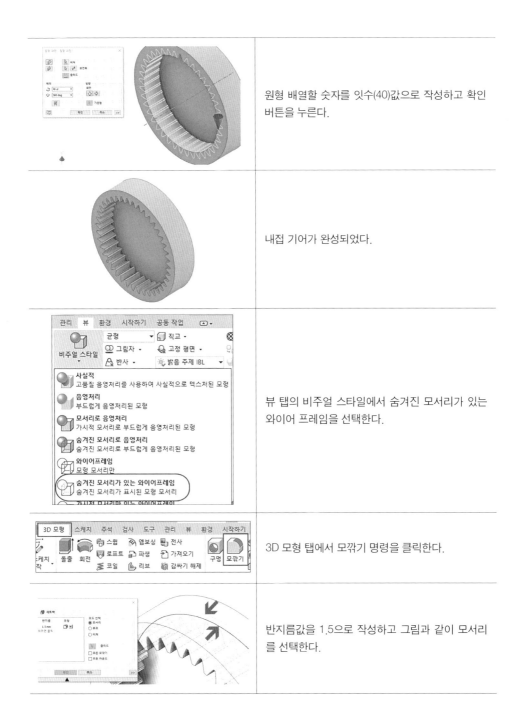

원형 배열할 숫자를 잇수(40)값으로 작성하고 확인 버튼을 누른다.

내접 기어가 완성되었다.

뷰 탭의 비주얼 스타일에서 숨겨진 모서리가 있는 와이어 프레임을 선택한다.

3D 모형 탭에서 모깎기 명령을 클릭한다.

반지름값을 1.5으로 작성하고 그림과 같이 모서리를 선택한다.

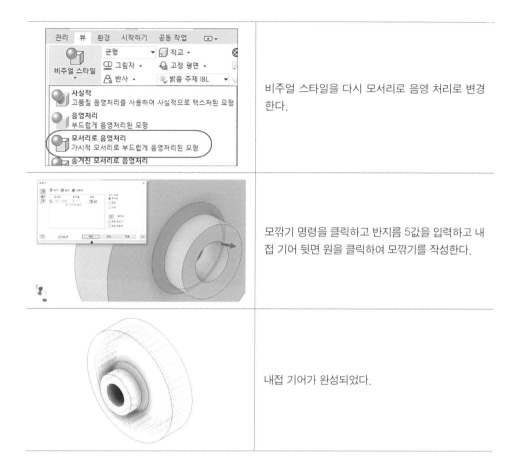

비주얼 스타일을 다시 모서리로 음영 처리로 변경한다.

모깎기 명령을 클릭하고 반지름 5값을 입력하고 내접 기어 뒷면 원을 클릭하여 모깎기를 작성한다.

내접 기어가 완성되었다.

4) 헬리컬 기어 따라 해보기

모듈이 2.5이고, 잇수가 40이므로 피치원 지름은 $\varnothing$60이며, 이뿌리원은 $\varnothing$54이다.

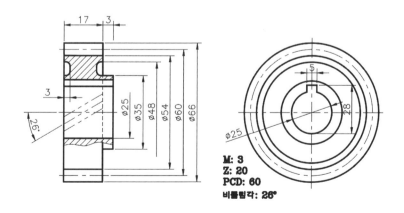

M: 3
Z: 20
PCD: 60
비틀림각: 26°

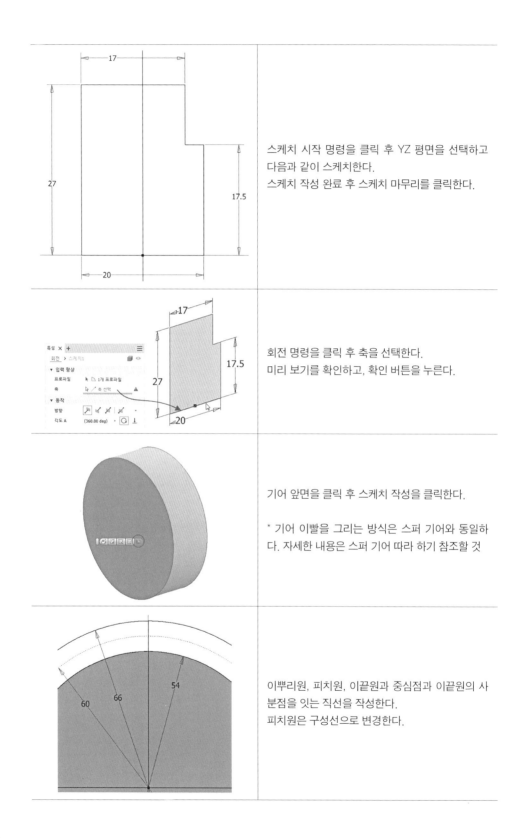

스케치 시작 명령을 클릭 후 YZ 평면을 선택하고 다음과 같이 스케치한다.
스케치 작성 완료 후 스케치 마무리를 클릭한다.

회전 명령을 클릭 후 축을 선택한다.
미리 보기를 확인하고, 확인 버튼을 누른다.

기어 앞면을 클릭 후 스케치 작성을 클릭한다.

* 기어 이빨을 그리는 방식은 스퍼 기어와 동일하다. 자세한 내용은 스퍼 기어 따라 하기 참조할 것

이뿌리원, 피치원, 이끝원과 중심점과 이끝원의 사분점을 잇는 직선을 작성한다.
피치원은 구성선으로 변경한다.

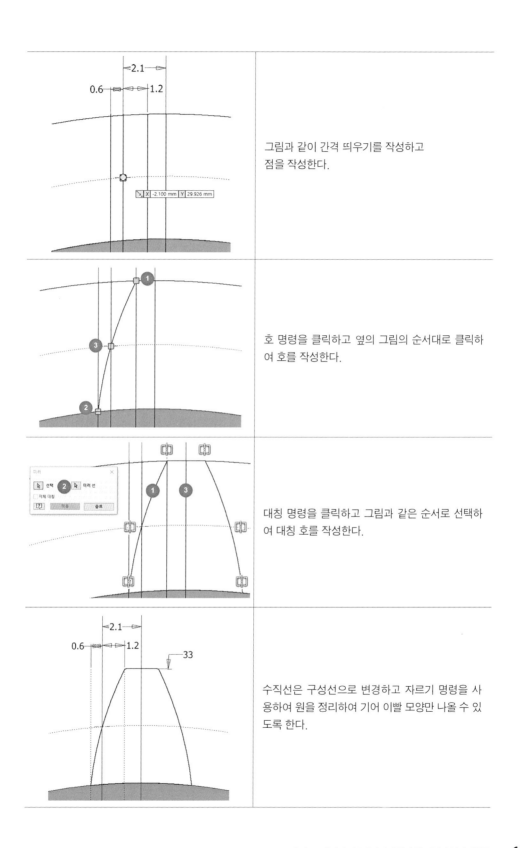

그림과 같이 간격 띄우기를 작성하고 점을 작성한다.

호 명령을 클릭하고 옆의 그림의 순서대로 클릭하여 호를 작성한다.

대칭 명령을 클릭하고 그림과 같은 순서로 선택하여 대칭 호를 작성한다.

수직선은 구성선으로 변경하고 자르기 명령을 사용하여 원을 정리하여 기어 이빨 모양만 나올 수 있도록 한다.

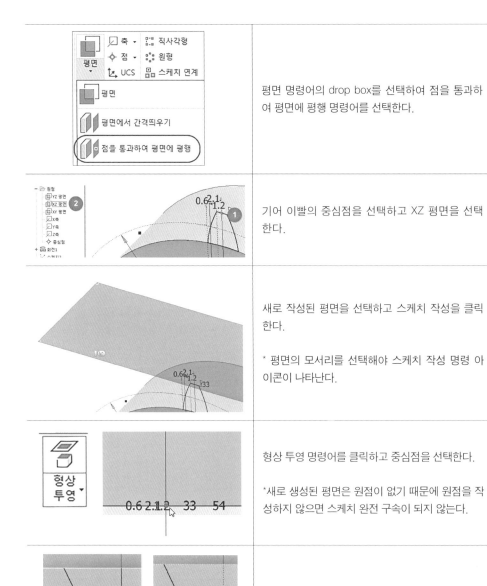

평면 명령어의 drop box를 선택하여 점을 통과하여 평면에 평행 명령어를 선택한다.

기어 이빨의 중심점을 선택하고 XZ 평면을 선택한다.

새로 작성된 평면을 선택하고 스케치 작성을 클릭한다.

* 평면의 모서리를 선택해야 스케치 작성 명령 아이콘이 나타난다.

형상 투영 명령어를 클릭하고 중심점을 선택한다.

*새로 생성된 평면은 원점이 없기 때문에 원점을 작성하지 않으면 스케치 완전 구속이 되지 않는다.

각도 기준선과 사선을 작성하고 그림과 같이 치수를 부여한다. 사선을 제외한 나머지 선은 구성선으로 변경한다.

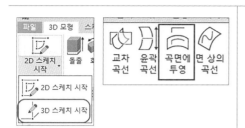	2D 스케치 시작 drop box를 클릭하여 3D 스케치 시작을 선택한다. 그리기 명령 중 곡면에 투영 명령을 선택한다.
	출력 옵션 중 곡면으로 감싸기를 클릭한다.
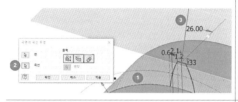	면은 기어 원통 면을 선택하고 곡선을 클릭 후 새 평면에 작성한 사선을 클릭하고 작성을 누른다.
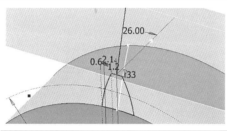	그림과 같이 원통 면에 투영된 사선을 확인할 수 있다. 확인이 되었으면 스케치 마무리를 클릭한다.
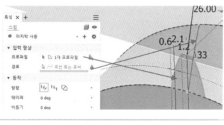	스윕 명령을 클릭하여 프로파일은 기어 이빨, 경로는 원통 면에 투영된 곡선을 선택한다. 미리 보기가 생성되면 확인을 누른다.
	작업 평면과 스케치를 클릭하고 오른쪽 마우스를 눌러 가시성을 해제한다.

모깎기 명령을 실행하여 그림과 같이 모서리에 0.5 를 작성한다.

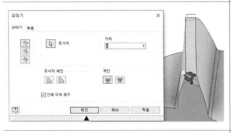

모따기 명령을 실행하여 기어 이빨 양쪽에 거리값 1을 작성한다.

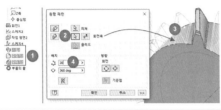

원형 패턴 명령을 실행하여 피처는 이빨을, 회전축은 원통 면을 선택하고 배치 수량은 잇수인 20을 작성한다.

헬리컬 이빨이 작성되었다.

5) 웜과 웜휠 따라 해보기

아래 도면의 웜과 웜휠을 따라 해보자.

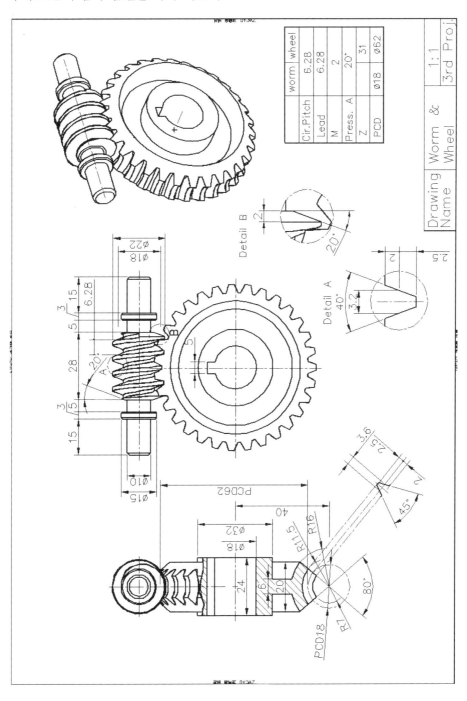

	worm	wheel
Cir.Pitch	6.28	6.28
Lead	6.28	
M	2	
Press. A	20°	
Z		31
PCD	⌀18	⌀62

Drawing Name	Worm & Wheel	1:1
		3rd Proj

(1) 웜휠 따라 하기

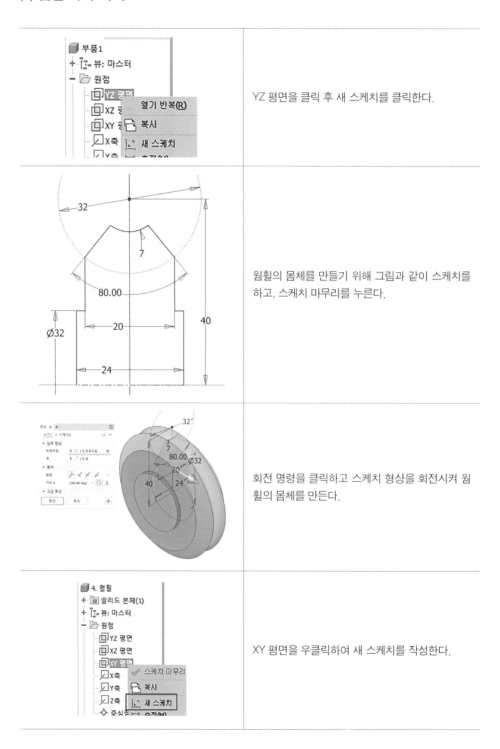

	YZ 평면을 클릭 후 새 스케치를 클릭한다.
	웜휠의 몸체를 만들기 위해 그림과 같이 스케치를 하고, 스케치 마무리를 누른다.
	회전 명령을 클릭하고 스케치 형상을 회전시켜 웜 휠의 몸체를 만든다.
	XY 평면을 우클릭하여 새 스케치를 작성한다.

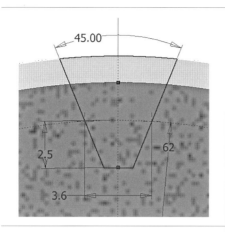

F7을 눌러 그래픽 슬라이스로 전환하고, 그림과 같이 스케치를 한다.

스케치할 때, 피치원과 중심선을 기준으로 간격 띄우기와 구속 조건을 적절하게 사용하여 작성한다. 45도 사선과 피치원의 교차점은 점 명령어를 사용하여 작성하고 치수(36)를 부여한다.

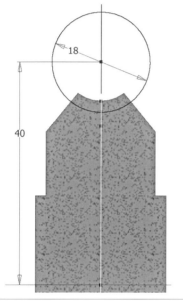

스케치 마무리를 하고, YZ 평면에 새 스케치를 그림과 같이 작성한다.
작성 후 스케치 마무리를 클릭한다.

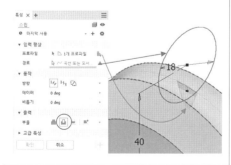

프로파일은 이빨 모양의 사다리꼴 폐곡선을 선택하고, 경로는 Ø 18 원을 선택한다.
출력은 차집합을 선택하고 확인 버튼을 누른다.

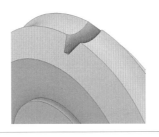

웜휠 이빨 모양이 작성되었다.

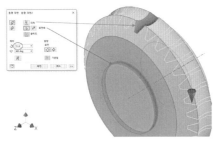

원형 패턴 명령어를 클릭하고 피처는 스윕으로 작성한 이빨 모양을, 회전축은 원통 면을 선택하고 배열 복사 수량은 잇수인 31을 작성한다.

웜휠이 작성되었다.

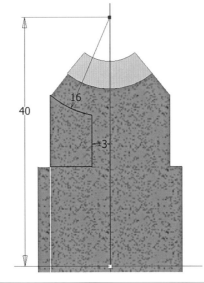

YZ 평면을 선택하고 그림과 같이 스케치를 작성하고 스케치 마무리를 클릭한다.

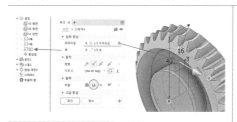

회전 명령을 선택하고 프로파일은 방금 그린 폐곡
선을 선택하고, 축은 원점 폴더의 Z축을 선택하고
출력은 차집합을 선택한다.
미리 보기가 생성되면 확인 버튼을 누른다.

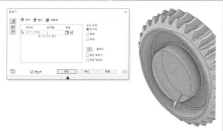

모깎기 명령을 사용하여 회전으로 잘라낸 형상을
다듬어 준다.

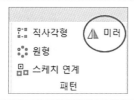

미러 명령을 선택한다.

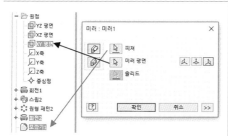

피처는 방금 작성한 회전 돌출과 모깎기를 선택하
고, 미러 평면으로 XY 평면을 선택한다.

웜휠 앞면을 클릭하고 새 스케치 작성을 한다.

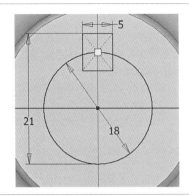

그림과 같이 스케치를 하고 스케치 완료를 누른다.

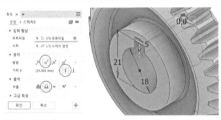

돌출 명령을 클릭 후 축 구멍과 키 홈 형상을 프로파일로 선택하고 거리는 전체 관통, 출력은 차집합으로 선택하고 확인 버튼을 누른다.

모따기 명령을 클릭하고 축 구멍 양쪽에 모따기 1 값을 준다.

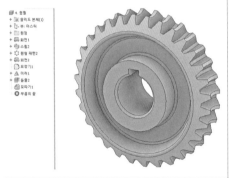

웜휠이 완성되었다.

(2) 웜 따라 하기

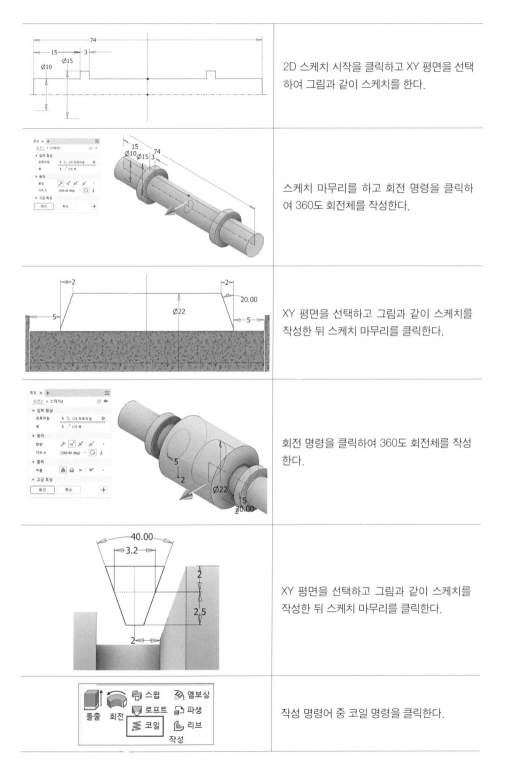

	2D 스케치 시작을 클릭하고 XY 평면을 선택하여 그림과 같이 스케치를 한다.
	스케치 마무리를 하고 회전 명령을 클릭하여 360도 회전체를 작성한다.
	XY 평면을 선택하고 그림과 같이 스케치를 작성한 뒤 스케치 마무리를 클릭한다.
	회전 명령을 클릭하여 360도 회전체를 작성한다.
	XY 평면을 선택하고 그림과 같이 스케치를 작성한 뒤 스케치 마무리를 클릭한다.
	작성 명령어 중 코일 명령을 클릭한다.

프로파일은 웜의 이빨 모양을 선택하고 축은 원점 폴더의 X축을 선택한다.
출력은 차집합으로 선택한다.

코일 크기 탭에서 유형을 피치 및 높이로 선택하고 피치는 6.28, 높이는 32를 작성하고 확인을 누른다.

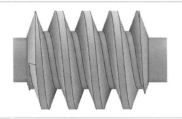

웜 기어 이빨 모양이 작성되었다.

모따기 명령을 실행하여 Ø 15 원에 0.5 모따기를 작성한다.

모따기 명령을 실행하여 축의 각 끝단에 모따기 1을 작성한다.

웜 기어가 작성되었다.

2. 스프로킷 모델링하기

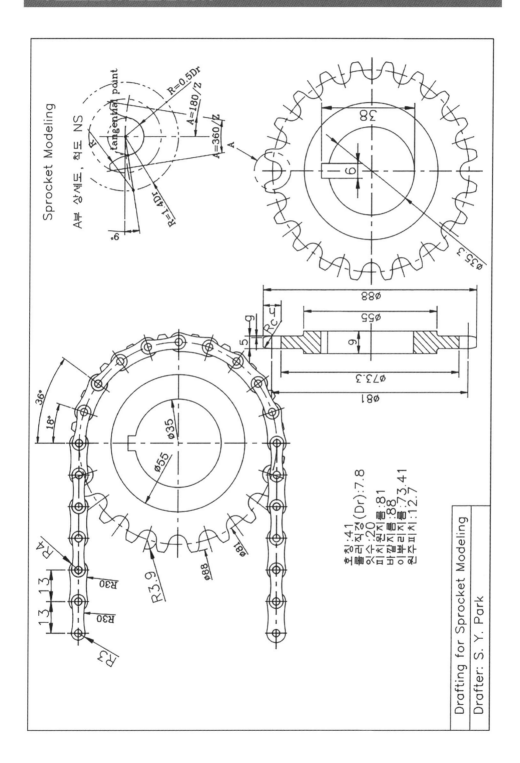

Sprocket Modeling

A부 상세도, 척도 NS

R=0.5Dr
tangential point
R=1.4Dr
A=180/z
A=360/z
A
9°

38
6
Ø35.3

88Ø
Ø55
6
Ø73.3
81Ø
Rc
5
9

36°
18°
Ø35
Ø55
R4
13
13
R30
R30
R4
R3.9
Ø88
18°

호칭 :41
롤러직경(Dr):7.8
잇수 :20
피치원지름 :81
바깥지름 :88
이뿌리지름 :73.41
원주피치 :12.7

Drafting for Sprocket Modeling

Drafter: S. Y. Park

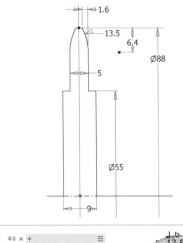

2D 스케치 시작을 클릭하고 XY 평면에 그림과 같이 스케치를 한다.

회전 명령을 사용하여 회전체를 작성한다.

스프로킷 윗면에 새 스케치 작성을 한다.

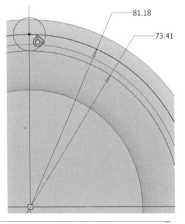

원 명령을 이용하여 피치원 81.18과 이뿌리원 73.41을 작성하고, 피치원의 사분점이 중심인 원을 그린다. 이 원이 롤러가 조립되는 원이다. 롤러원과 이뿌리원을 접선 구속 조건으로 구속하여 완전정의한다.
작성 후에 피치원과 이뿌리원은 구성선으로 변경한다.

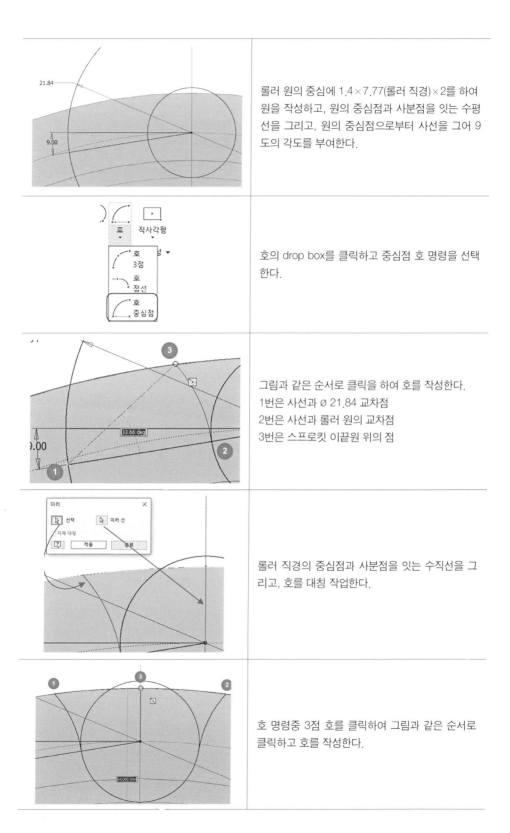

롤러 원의 중심에 1.4×7.77(롤러 직경)×2를 하여 원을 작성하고, 원의 중심점과 사분점을 잇는 수평선을 그리고, 원의 중심점으로부터 사선을 그어 9도의 각도를 부여한다.

호의 drop box를 클릭하고 중심점 호 명령을 선택한다.

그림과 같은 순서로 클릭을 하여 호를 작성한다.
1번은 사선과 Ø 21.84 교차점
2번은 사선과 롤러 원의 교차점
3번은 스프로킷 이끝원 위의 점

롤러 직경의 중심점과 사분점을 잇는 수직선을 그리고, 호를 대칭 작업한다.

호 명령중 3점 호를 클릭하여 그림과 같은 순서로 클릭하고 호를 작성한다.

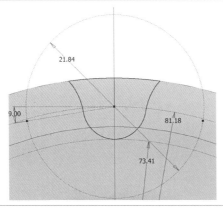

롤러 원은 자르기로 정리하고, 나머지 선들은 구성
선으로 변경하여 정리하고, 스케치 마무리를 클릭
한다.

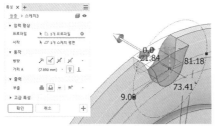

돌출 명령을 클릭하고 거리는 전체 관통, 출력은 차
집합으로 한다.

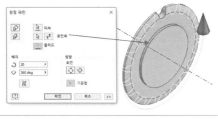

원형 패턴 명령을 사용하여 피처는 돌출 피처, 회전
축은 원통 면, 배열 숫자는 잇수인 20을 작성한다.

스프로킷 앞면에 새 스케치 작성을 한다.

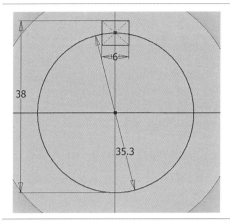

그림과 같이 작성한다.

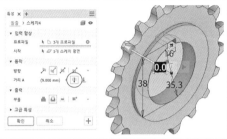

돌출 명령을 클릭하여 닫힌 프로파일 영역을 선택하고, 거리값에서 전체 관통을 선택하여 축 구멍과 키 홈을 만든다.

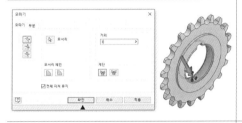

모따기 명령을 클릭하고 거리값 1을 작성하고, 축 구멍의 양쪽 모서리를 클릭하여 모따기를 작성한다.

스프로킷이 완성되었다.

3. V벨트 풀리 모델링하기

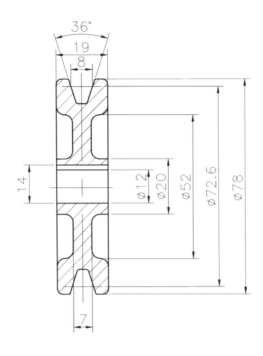

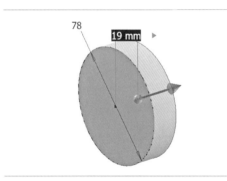

2D 스케치 시작을 클릭하여 XY 평면에 78 원을 그린 후 스케치 완료를 하고, 돌출 명령을 사용하여 19mm만큼 돌출시킨다.

YZ 평면을 선택하고, 스케치 작성 명령을 누른다.

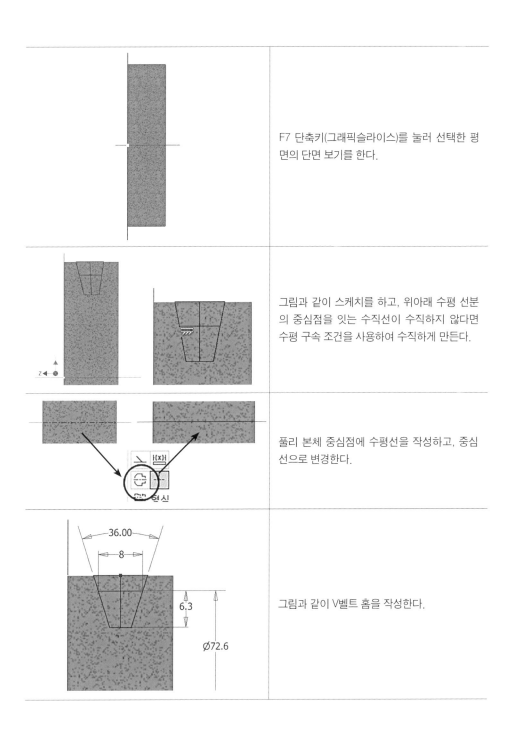

F7 단축키(그래픽슬라이스)를 눌러 선택한 평면의 단면 보기를 한다.

그림과 같이 스케치를 하고, 위아래 수평 선분의 중심점을 잇는 수직선이 수직하지 않다면 수평 구속 조건을 사용하여 수직하게 만든다.

풀리 본체 중심점에 수평선을 작성하고, 중심선으로 변경한다.

그림과 같이 V벨트 홈을 작성한다.

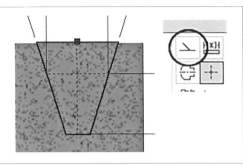

V벨트 홈 위치의 기준이 되는 중심선을 구성선
분으로 변경하고, 스케치 마무리를 한다.

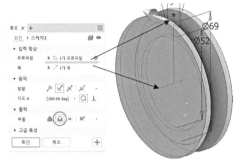

회전 명령을 클릭하여 프로파일로는 V벨트 홈
을 선택하고 축은 Z축을 선택하고, 출력은 차
집합으로 하여 피처를 작성한다.

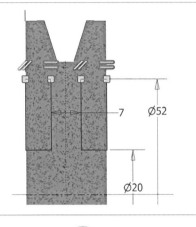

YZ 평면을 선택한 후 그림과 같이 스케치를 한
다.

* 동일 구속 조건 사용
스케치 완료 후 회전 명령을 실행하여 출력 차
집합으로 하여 피처를 생성한다.

정면을 클릭하고 새 스케치 작성한다.

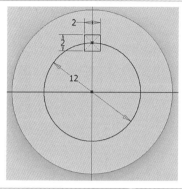

그림과 같이 스케치를 작성하고 스케치 마무리
한다.
* 수직 구속 조건 사용

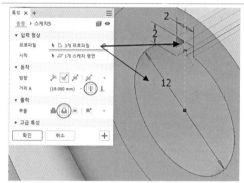

돌출 명령을 실행하여 프로파일은 12파이 원과
키홈을 선택하고, 거리는 전체를 출력은 차집합
을 선택하여 피처를 작성한다.

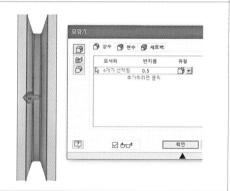

모깎기 명령을 선택하고 그림과 같이 4개의 모
서리를 선택하고 0.5 값을 준다.

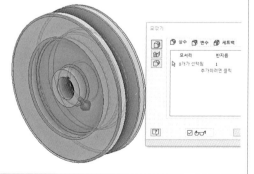

모깎기 명령을 실행하여 그림과 같이 모서리를
선택하고 반지름값을 1을 준다.

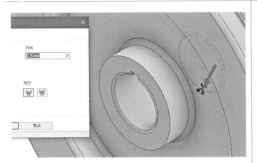

모따기 명령을 실행하여 그림과 같이 모서리를 선택하고 거리값을 0.5를 준다.

모델링이 완성되었다.

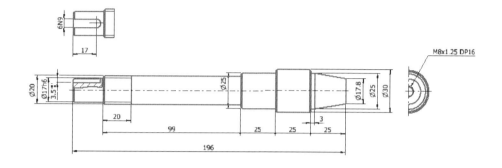

① XZ 평면 선택 후 새 스케치를 클릭한다.

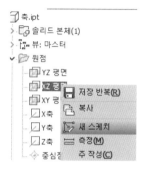

② 아래와 같이 스케치를 작성 후 스케치 마무리를 클릭한다.

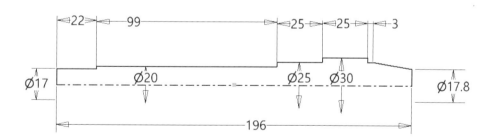

③ 회전 명령을 선택하여 피처를 작성한다.

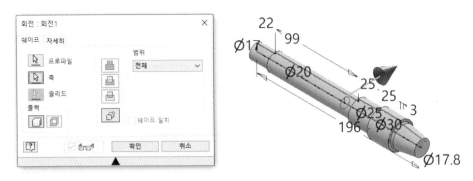

④ 곡면에 접하고 평면에 평행 명령 선택 후 축의 원주 면 선택한다.

⑤ 원점 평면에서 수평 방향의 평면을 선택한다.

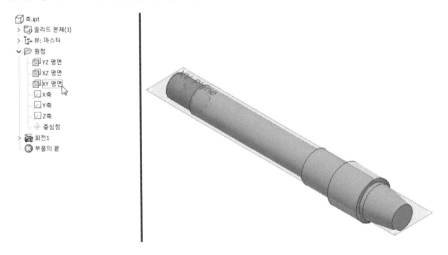

⑥ 평면이 작성되었다.

⑦ 생성된 평면에 키홈 스케치를 작성 후 돌출 차집합 3.5mm 거리를 주어 피처를
형성한다

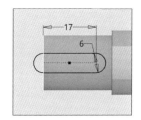 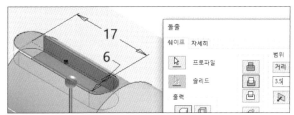

⑧ 작업 평면 가시성을 해제한다.

⑨ 스레드 명령 클릭 후 면에 수나사가 있어야 될 원주 면을 선택 후 길잇값을 작성한다.

 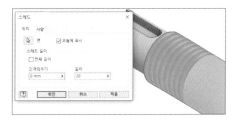

⑩ 테이퍼 축 끝단에 M8 TAP을 작업하기 위해 구멍 명령 선택 후 배치를 동심으로
하여 작업한다.

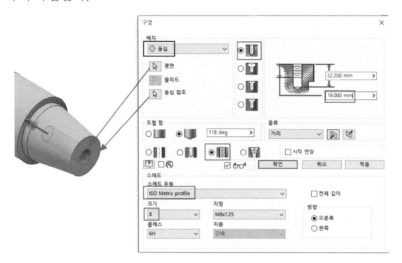

⑪ 모따기로 마무리한다.

5. 나사 모델링하기

수나사와 암나사를 KS규격에 맞추어 모 델링한다.

제작 도면을 작성하기 위한 수나사와 암나사는 3D 모형 탭에서의 명령을 사용하지만, 이번 장에서 나사그리기는 실제 나사 모양에 준하게 모델링을 작성하도록 한다.

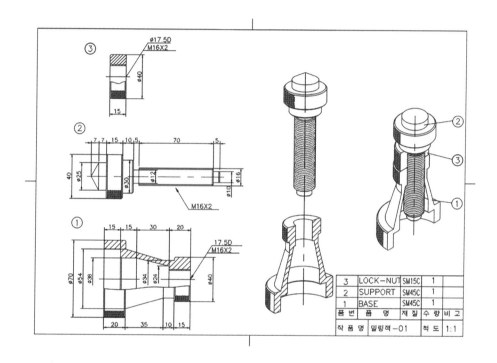

KS규격에서 수나사는 바깥지름을, 암나사는 안지름을 치수로 작성한다.

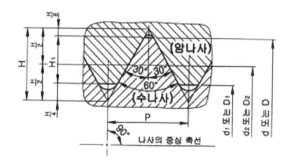

나사의 호칭	피치(P)	접촉 높이 (H₁)	암나사		
			골 지름 D	유효 지름 D_2	안지름 D_1
			수나사		
			바깥지름 d	유효 지름 d_2	골 지름 d_1
M3	0.5	0.271	3.000	2.675	2.459
M4	0.7	0.379	4.000	3.545	3.242
M5	0.8	0.433	5.000	4.480	4.134
M6	1	0.541	6.000	5.350	4.917
M8	1.25	0.677	8.000	7.188	6.647
M10	1.5	0.812	10.000	9.026	8.376
M12	1.75	0.947	12.000	10.863	10.106
M16	2	1.083	16.000	14.701	13.835

(1) 수나사 그리기

[도면]의 ② 수나사를 그려 보도록 한다.

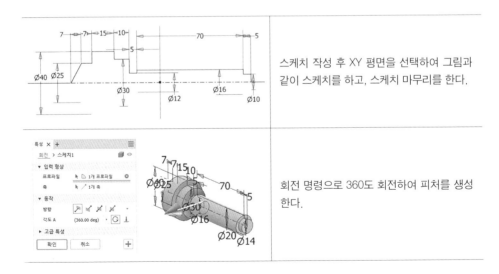

스케치 작성 후 XY 평면을 선택하여 그림과 같이 스케치를 하고, 스케치 마무리를 한다.

회전 명령으로 360도 회전하여 피처를 생성한다.

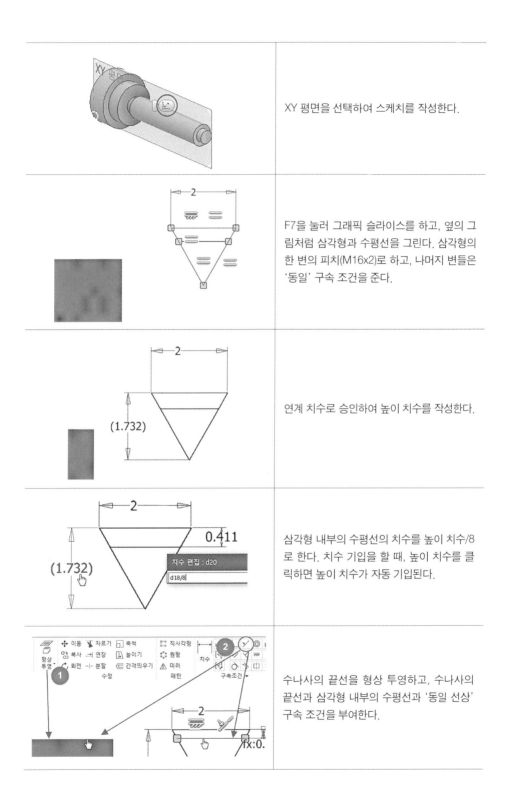	XY 평면을 선택하여 스케치를 작성한다.
	F7을 눌러 그래픽 슬라이스를 하고, 옆의 그림처럼 삼각형과 수평선을 그린다. 삼각형의 한 변의 피치(M16x2)로 하고, 나머지 변들은 '동일' 구속 조건을 준다.
	연계 치수로 승인하여 높이 치수를 작성한다.
	삼각형 내부의 수평선의 치수를 높이 치수/8로 한다. 치수 기입을 할 때, 높이 치수를 클릭하면 높이 치수가 자동 기입된다.
	수나사의 끝선을 형상 투영하고, 수나사의 끝선과 삼각형 내부의 수평선과 '동일 선상' 구속 조건을 부여한다.

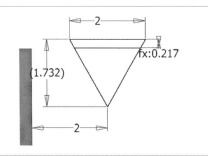

삼각형의 위치를 수나사의 끝단에서 피치 거리(2mm)만큼 주고, 스케치 마무리를 한다.

코일 명령을 클릭하고, 프로파일은 삼각형 내부를, 축은 원점 폴더의 X축을 선택하고 차집합을 선택한다.

* 미리 보기가 바깥으로 되어 있다면, 축 옆의 방향 반전 버튼을 누른다.

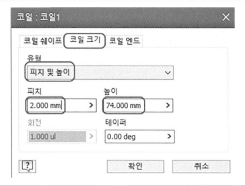

코일 크기 탭에서
유형: 피치 및 높이
피치: 2
높이: 74
를 작성하고 확인을 누른다.

수나사가 작성되었다.

(2) 암나사 그리기

[도면]의 ① 암나사를 그려 보도록 한다.

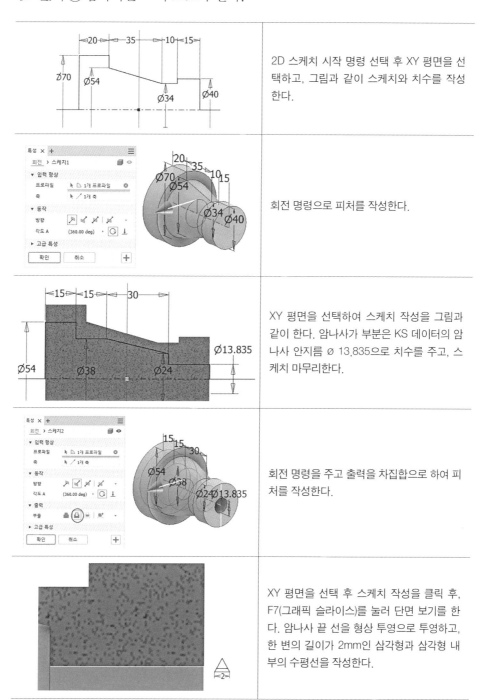

	2D 스케치 시작 명령 선택 후 XY 평면을 선택하고, 그림과 같이 스케치와 치수를 작성한다.
	회전 명령으로 피처를 작성한다.
	XY 평면을 선택하여 스케치 작성을 그림과 같이 한다. 암나사가 부분은 KS 데이터의 암나사 안지름 ø 13.835으로 치수를 주고, 스케치 마무리한다.
	회전 명령을 주고 출력을 차집합으로 하여 피처를 작성한다.
	XY 평면을 선택 후 스케치 작성을 클릭 후, F7(그래픽 슬라이스)를 눌러 단면 보기를 한다. 암나사 끝 선을 형상 투영으로 투영하고, 한 변의 길이가 2mm인 삼각형과 삼각형 내부의 수평선을 작성한다.

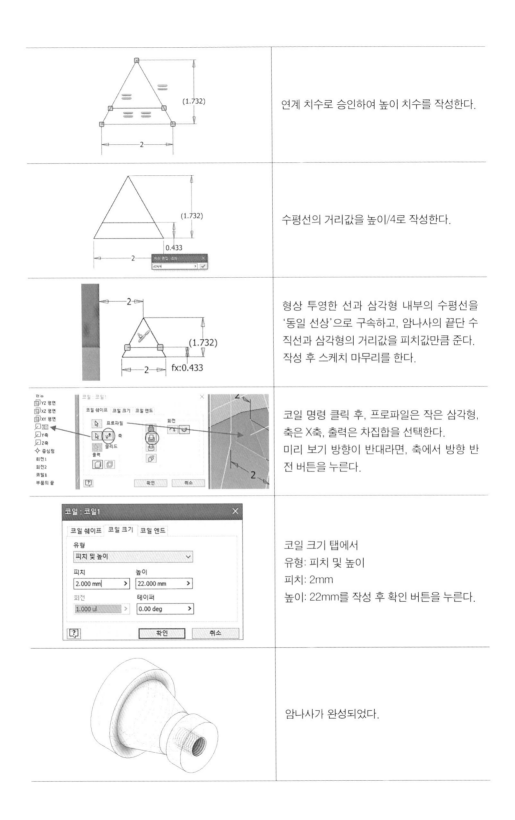

	연계 치수로 승인하여 높이 치수를 작성한다.
	수평선의 거리값을 높이/4로 작성한다.
	형상 투영한 선과 삼각형 내부의 수평선을 '동일 선상'으로 구속하고, 암나사의 끝단 수직선과 삼각형의 거리값을 피치값만큼 준다. 작성 후 스케치 마무리를 한다.
	코일 명령 클릭 후, 프로파일은 작은 삼각형, 축은 X축, 출력은 차집합을 선택한다. 미리 보기 방향이 반대라면, 축에서 방향 반전 버튼을 누른다.
	코일 크기 탭에서 유형: 피치 및 높이 피치: 2mm 높이: 22mm를 작성 후 확인 버튼을 누른다.
	암나사가 완성되었다.

6. 베어링 모델링하기

베어링 제도하는 방법은 아래 도면과 같다.

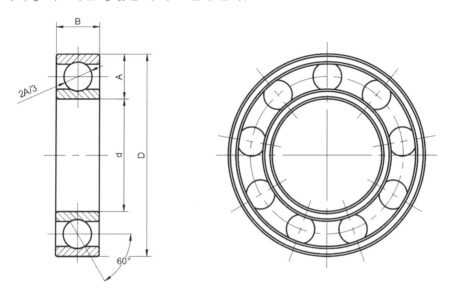

위 방법을 참조하여 아래 도면을 모델링하도록 한다.

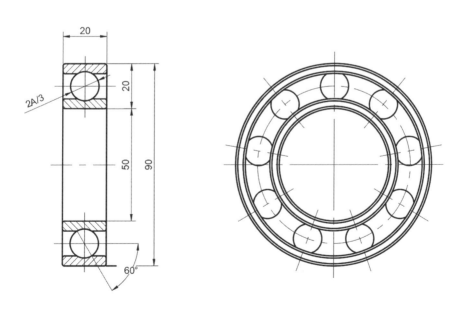

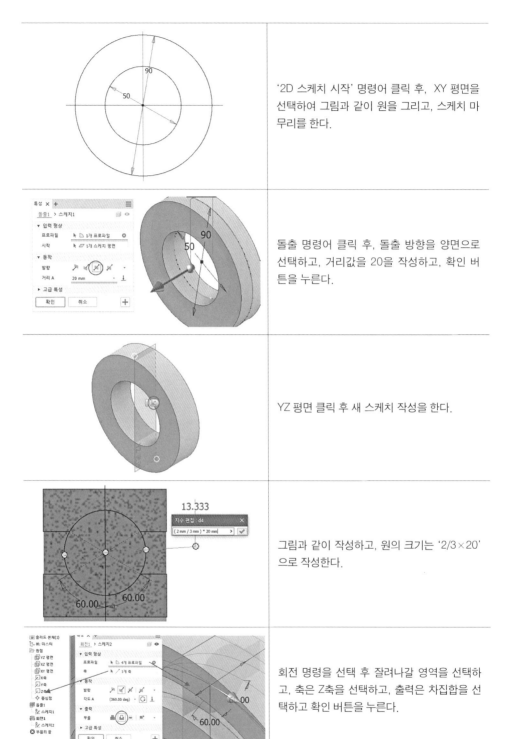

'2D 스케치 시작' 명령어 클릭 후, XY 평면을 선택하여 그림과 같이 원을 그리고, 스케치 마무리를 한다.

돌출 명령어 클릭 후, 돌출 방향을 양면으로 선택하고, 거리값을 20을 작성하고, 확인 버튼을 누른다.

YZ 평면 클릭 후 새 스케치 작성을 한다.

그림과 같이 작성하고, 원의 크기는 '2/3×20' 으로 작성한다.

회전 명령을 선택 후 잘려나갈 영역을 선택하고, 축은 Z축을 선택하고, 출력은 차집합을 선택하고 확인 버튼을 누른다.

	YZ 평면을 선택 후 새 스케치 작성을 누른다.
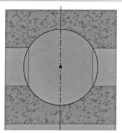	F7(그래픽 슬라이스)를 클릭하여 단면 보기를 한 뒤 베어링 볼인 원과 수직선(중심선)을 작성하고 스케치 마무리를 한다.
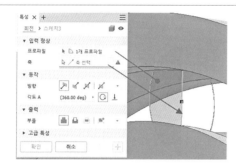	회전 명령 선택 후 반원을 프로파일 영역으로 선택하고, 중심선을 축으로 선택하여 베어링 볼을 작성한다.
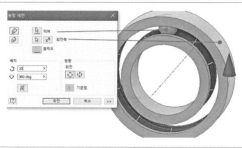	원형 패턴 명령 선택 후 피처는 베어링 볼을, 회전축은 외륜의 원통 면을 선택하고 수량은 10개를 선택하여 피처를 작성한다.
	베어링이 작성되었다.

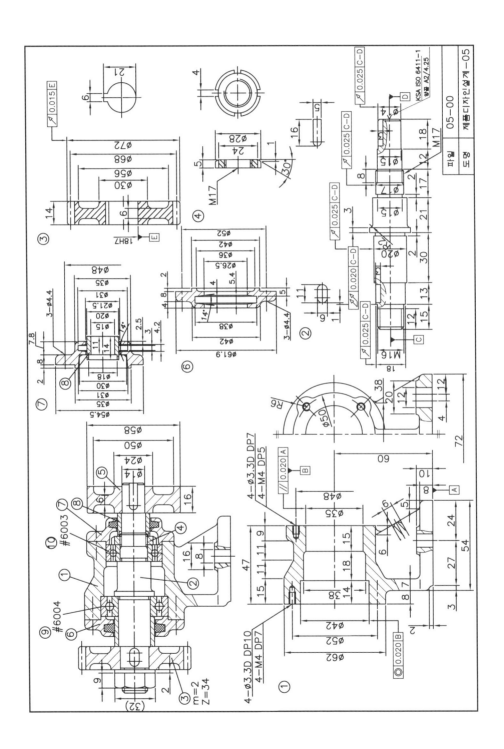

Inventor 조립

PART 05 Inventor 조립

1. 조립 시작하기

3D 조립에서 1개 이상의 파트나 어셈블리를 조립할 수 있다.

조립을 할 때에는 기준이 되는 객체가 있어야 하며 일반적으로 처음 불러들이는 파트를 기준으로 조립한다(Down-Top). 기준이 되는 파트는 원점에 완전 정의하는 것이 좋으며, 파트를 불러들일 때 원점 고정을 선택할 수 있다.

3D 형상 모델링에서는 6개의 자유도가 있다.

파트를 조립할 때에는 3가지 자유도를 정의해야 완전 구속된다. 때에 따라서 2개의 방향만 정의(회전체)할 수도 있고, 3개 이상의 자유도를 구속할 수도 있다.

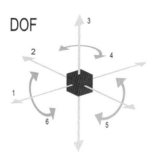

일반적으로 조립품의 관련 구성 요소의 위치를 변경하는 경우 구성 요소의 동작을 예측할 수 있도록 구성 요소를 연결 또는 구속하는 것이 좋다.

회전체와 같은 경우, 2방향만 정의하여 어셈블리상에서만 회전할 수 있도록 한다.

1) 조립 인터페이스

새 파일 작성에서 standard.iam 파일을 클릭한다. 우측 미리 보기에서 단위를 확인하고, 설정이 맞다면 더블클릭이나 작성 [작성] 버튼을 눌러 시작한다.

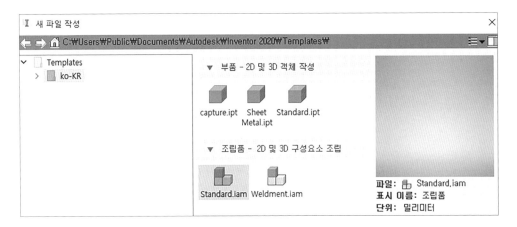

(1) 모형

조립 파트의 수량이나 상태를 알 수 있다.

(2) 조립 리본바 내용을 살펴보도록 한다.

① 배치: 파트나 조립품(Sub-assembly) 또는 컨텐츠센터 부품을 불러온다.

② 작성: 조립창에서 파트를 작성

③ 위치: 각 파트를 개별적으로 이동하거나 회전

④ 구속 조건: 파트 조립 조건

⑤ 패턴: 파트나 조립품을 배열 복사, 대칭

⑥ 작업 피처: 원점 평면 외에 사용자에 맞는 평면을 생성

① 배치

① 인벤터 조립 화면에서 화면을 등각 투영으로 변경 후(F6 또는 view cube의 홈버튼) 파일을 검색하여 원하는 파일을 불러온다.

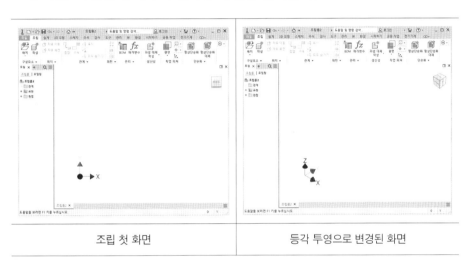

조립 첫 화면	등각 투영으로 변경된 화면

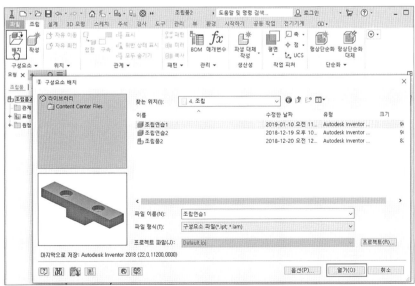

② **우클릭**하여 '원점에 고정 배치'하거나 원하는 방향으로 제품이 배치될 수 있도록 'X를 90° 회전' 등을 선택하여 원하는 방향으로 배치 후 '원점에 고정배치'를 클릭한다. 키보드 'ESC'키를 눌러 명령을 빠져나간다.

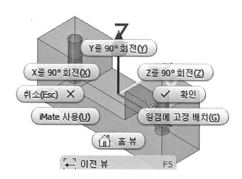

처음 불러들이는 제품은 조립의 기준 베이스가 되기 때문에 반드시 원점에 고정 배치되어야 한다.

③ 그 외 부품을 배치 명령을 통해 차례로 불러온다. 불러온 이후 빈 화면에 클릭하여 배치하고 ESC키로 배치 명령을 끝낸다. 윈도우 탐색기창에서 불러드릴 제품을 선택하여 인벤터 화면으로 드래그하여 불러들일 수도 있다.

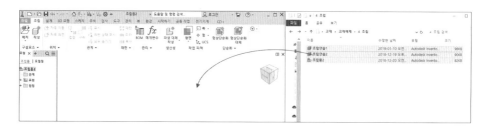

② **컨텐츠 센터에서 배치**

인벤터에서 제공하고 있는 규격품을 불러올 수 있다.

인벤터 프로그램 옵션에 따라 제공되지 않을 수도 있다.

베어링 등은 샤프트 부품에서, 볼트나 너트는 조임쇠 폴더에서 찾아 활용한다.

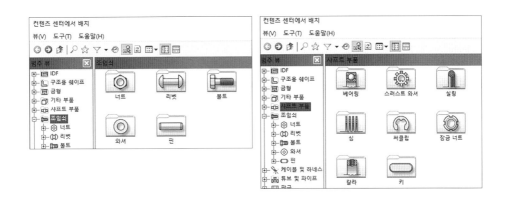

(2) 작성

조립창에서 파트를 생성할 수 있으며, top-down 설계 방식이라고도 한다.

① 작성 명령 선택 후 새 파트의 이름을 작성하고 위치 등을 지정한다.

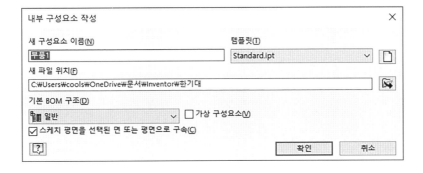

② 조립될 평면을 선택한다.

③ 스케치 작성 후 피처를 생성할 수 있다.

(3) 위치

파트를 개별적으로 움직일 수 있으며, 구속이 되어 있는 방향으로는 움직이지 않는다.

① 자유 이동

원하는 파트만 이동할 수 있다.

명령 실행 후 이동을 원하는 파트를 클릭한 상태에서 이동한다.

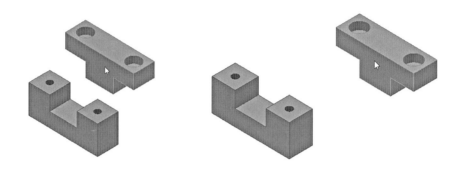

② 자유 회전

원하는 파트만 회전할 수 있다.

명령 실행 후 이동을 원하는 파트를 클릭한 상태에서 회전한다.

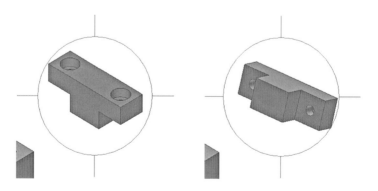

> **TIP**
>
> 파트 조립 시 조립되게 될 방향으로 회전 후 구속 조건 주는 것이 좋다.

(4) 구속 조건

6개의 자유도 중 3방향을 정의하여 파트의 위치를 완전 구속한다. 6개의 방향 중 구속을 주는 방향으로는 파트가 움직이지 않는다.

구속 조건 명령어의 구성은 다음과 같다.

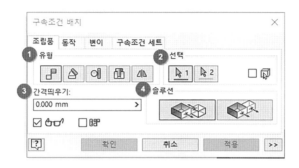

① 유형: 메이트/각도/접선/삽입/대칭

② 선택: 객체를 선택할 때 사용한다. 1번 객체 선택 후 2번으로 자동 넘어가지 않을 수 있기 때문에 2번 클릭 후 두 번째 객체를 선택한다.

객체 선택 시 1번은 파란색, 2번은 초록색이므로 색상으로 쉽게 구분할 수 있다.

③ 간격 띄우기: 간격 띄우기에 작성되는 숫자만큼 띄어져서 구속된다.

④ 솔루션: 마주 보거나 나란히 보는 방향으로 조립할 수 있다.

유형에 대해 자세히 알아보도록 한다.

① 메이트

마주 보는 방향(메이트)이나 나란히 보는 방향(플러쉬)으로 붙일 수 있다.

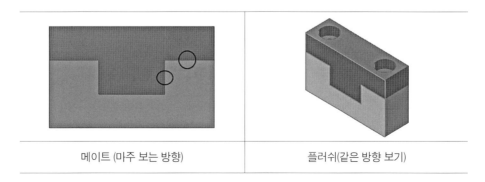

| 메이트 (마주 보는 방향) | 플러쉬(같은 방향 보기) |

■ 간격 띄우기

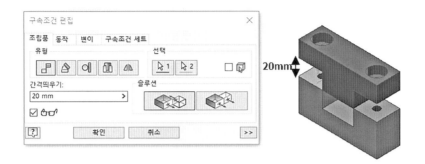

■ 축선 메이트: 면과 면 말고도 축선과 축선도 메이트할 수 있다.

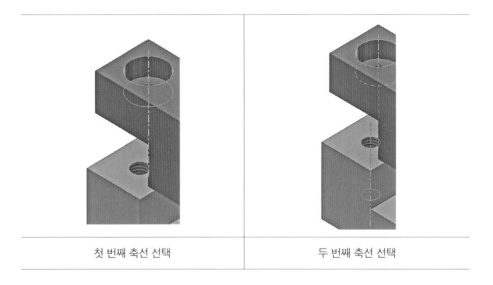

첫 번째 축선 선택	두 번째 축선 선택

■ 그 외에 모서리 메이트, 점 메이트 등이 있다.

TIP

축선 메이트 할 때에는 해당 축의 원주 면을 선택하여 축선이 잘 선택되도록 한다.
축선을 선택해야 하는데 중심점이 선택되는 경우 방향이 정의되지 않는다.

② 각도

각도를 지정할 2면을 선택하고 각도를 작성한다.

③ 접선

원과 원, 면과 원을 접하게 구속한다. 내접이나 외접으로 선택할 수 있다.

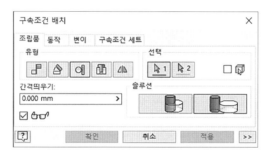

④ 삽입

　볼트 모양 같은 회전체를 구멍에 삽입할 때 삽입 구속 조건 1개로 객체 정의를
할 수 있다.

객체 1 선택	객체 2 선택	조립 완료

⑤ 패턴

파트와 동일한 방식으로 작업한다.

⑥ 작업 피처

파트와 동일한 방식으로 작업한다.

2) 조립 설정

(1) 옵션 설정하기

① 메이트 알림음 설정이다.

② 조립에서 파트 편집 시 편집하는 파트 외 다른 파트들의 투명도에 대한 설정이다.

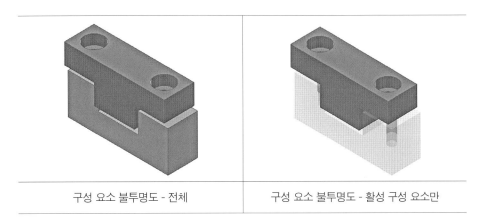

구성 요소 불투명도 - 전체	구성 요소 불투명도 - 활성 구성 요소만

③ Express 모드 설정: 대형 조립품의 경우 Inventor에서는 Express 모드를 제공하며, 이 모드에서는 구성 요소의 캐시된 그래픽만 메모리에 로드되므로 모형이 훨씬 빠르게 열린다.

2. 조립 작업하기

① 아래 도면을 보고 파트 2개를 작성한다.

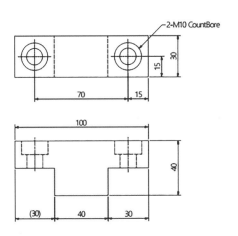

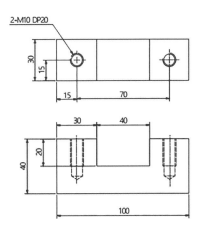

② 조립창을 열고 파트를 배치한다. M10 TAP이 있는 객체를 원점에 고정 배치한다.

• 배치 명령어 클릭 후 베이스 파트를 찾아서 클릭 후 열기 버튼을 클릭한다.

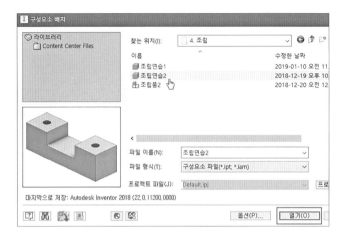

베이스 파트가 화면에 표시되면 오른쪽 마우스를 클릭하여 '원점에 고정 배치'를 클릭한다.

ESC를 클릭하여 명령을 끝낸다.

다시 배치 명령을 클릭하여 나머지 파트를 배치하고 왼쪽 마우스를 클릭한다.

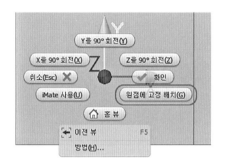

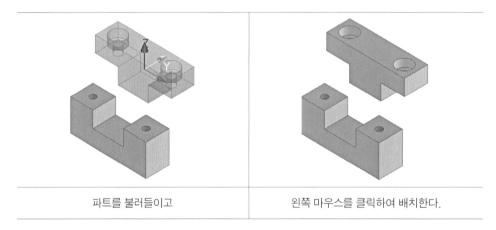

| 파트를 불러들이고 | 왼쪽 마우스를 클릭하여 배치한다. |

③ 두 객체를 조립한다. 완전 정의하는 방법은 2가지가 있다. 3개의 면을 구속하여 정의하거나, 한 개의 면과 두 개의 구멍 축 구속으로 정의한다.

(1) 3개의 면을 구속하기

① y축 방향 구속하기

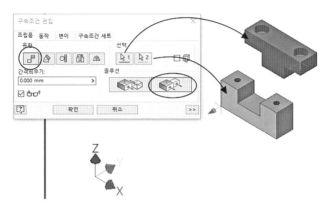

② x 방향 구속하기

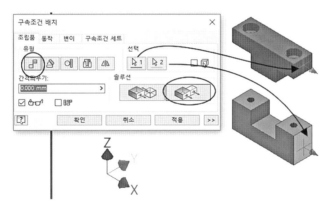

③ z 방향 구속하기

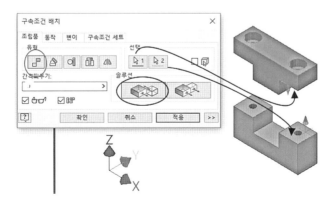

(2) 한 개의 면과 두 개의 구멍 축 구속

① z 회전1 구속하기

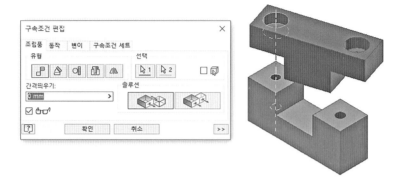

② z 회전 구속하기

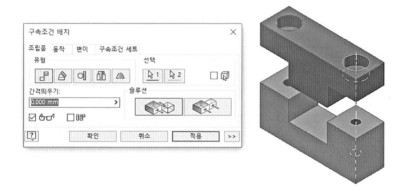

③ z 방향 구속하기

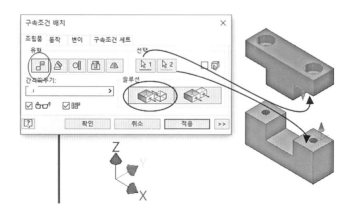

3. 조립 편집하기

1) 편집하기

(1) 우클릭하여 편집하기

① 편집: 조립창에서 파트 편집

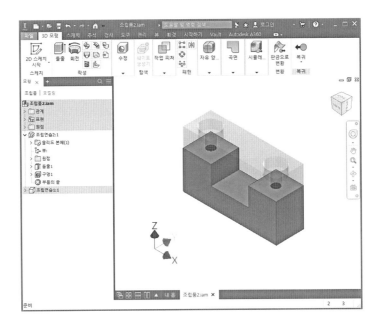

② 열기: 파트창 열어 파트 편집

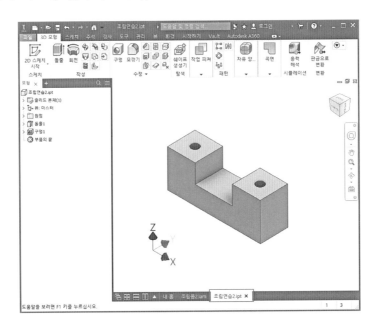

③ 분리: 사용자가 지정하는 파트만 분리되어 보여지게 된다. 취소하고 싶으면 분리 명령 취소 [분리 명령취소] 를 클릭한다.

④ 가시성: 사용자가 지정하는 파트가 보이거나 보이지 않게 할 수 있다.

⑤ 고정: 자유도와 관계없이 현 위치에서 고정된다. 처음에 배치하는 파트는 자동 고정된다.

⑥ 투명: 사용자가 지정하는 파트가 투명하게 변경된다. *2018 새 기능

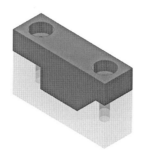

⑦ 억제: 사용자가 지정하는 파트가 억제된다.

⑧ 창에서 찾기: 사용자가 지정하는 파트가 작업창에서 확대된다.

(2) 더블클릭으로 파트 수정하기

파트를 더블클릭하면 파트 수정이 가능하다. 편집 후에는 리본바 최 우측에 있는 "복귀" 버튼을 눌러준다.

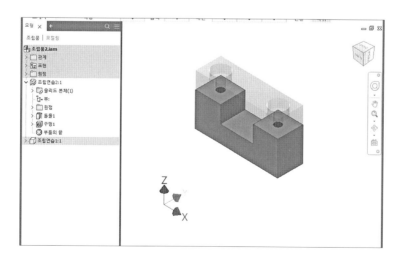

2) 재질 및 색상 넣기

(1) 재질

① 재질 명령을 선택한다.

② 재질을 추가한다.

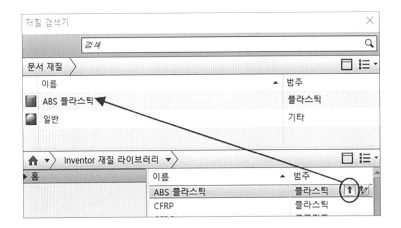

③ 재질을 변경하고 싶은 파트를 선택 후 재질을 클릭한다.

(2) 모양 넣기

모양 명령 선택 후 변경하고 싶은 파트 선택 후 원하는 모양으로 변경한다.

(3) 색상 넣기

① 조정 명령을 선택한다.

② 색상을 변경하고 싶은 파트를 선택하고 ③ 색상 조정을 한다.

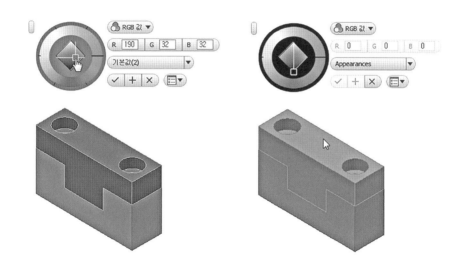

3) 선택하기

원하는 부품을 선택하기 어려울 때는 마우스를 해당 부품이나 선택하고 싶은 곳에 올려놓고 3초 있으면 마우스 주변의 객체 리스트가 나타난다. 선택하고 싶은 것을 클릭한다.

4) 조립 순서를 변경할 수 있다.

상하 메이트 관계가 없을 때 가능하다.

▣ 조립품2 〉·📁 관계 〉·📑 표현 〉·📁 원점 〉·🔷 베이스:1 〉·🗇 v블럭:1 〉·🗇 공작물:1 〉·🗇 클램프 볼트:1 〉·🗇 **클램프암:1**	▣ 조립품2 〉·📁 관계 〉·📑 표현 〉·📁 원점 〉·🔷 베이스:1 〉·🗇 v블럭:1 〉·🗇 공작물:1 〉·🗇 클램프 볼트:1 〉·🗇 **클램프암:1**	▣ 조립품2 〉·📁 관계 〉·📑 표현 〉·📁 원점 〉·🔷 베이스:1 〉·🗇 v블럭:1 〉·🗇 **클램프암:1** 〉·🗇 공작물:1 〉·🗇 클램프 볼트:1
클램프암 순서가 제일 마지막에 있다.	클릭 후 원하는 위치에 옮겨놓는다.	클램프암 순서가 변경되었다.

4. 조립 따라 하기

아래의 그림과 같은 바이스 클램프를 조립한다.

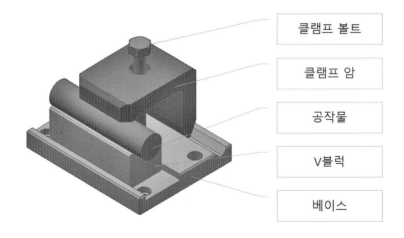

클램프 볼트

클램프 암

공작물

V블럭

베이스

(1) 배치 명령 클릭 후 베이스.ipt를 불러온다.
조립창에 맞게 배치하기 위해 'x를 90 회전'
을 클릭한다.

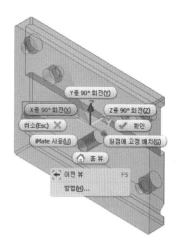

(2) 방향이 맞다면 원점에 고정 배치한다.

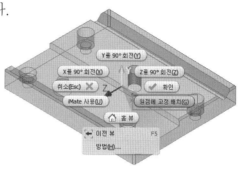

(3) 나머지 부품들을 불러온다.

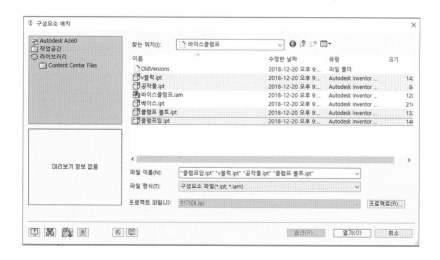

(4) v블럭을 베이스에 조립한다. 2개의 구멍과 1개의 면으로 구속 조건을 완성한다.

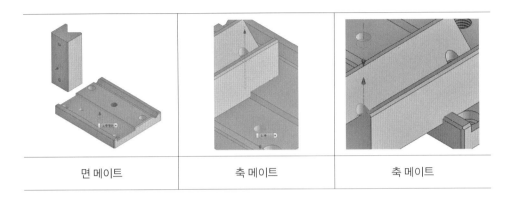

면 메이트	축 메이트	축 메이트

(5) 클램프암 조립한다.

① 클램프암 바닥 면과 베이스 v홈 윗면을 메이
트 한다.

② 클램프암을 베이스 정중앙에 배치하기 위하여 클램프암의 원점 평면과 조립
창 원점 평면을 메이트 한다.

- 구속 조건 명령 실행 후 클램프암의 XY 평면을 선택한다.
- 원점 평면의 YZ 평면을 선택 후 적용을 누른다.

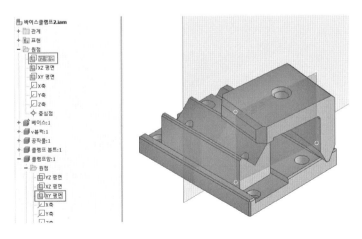

▪ 클램프암이 베이스 정중앙에 메이트 되었다.

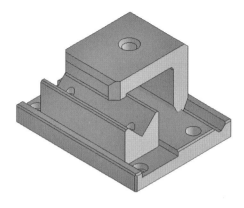

③ Y 방향으로 구속하여 클램프암을 완전 정의한다.

(6) 클램프 볼트를 조립한다.

① 축을 메이트 한다.

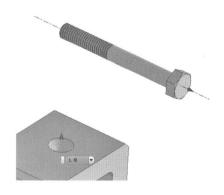

② 클램프 볼트의 바닥 면과 베이스 바닥 면을 플래쉬 메이트 한다.

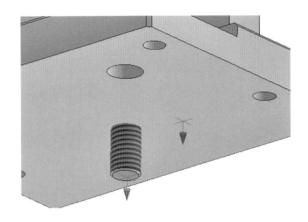

(7) 공작물을 조립한다.

① v블록 v홈에 공작물을 접선 메이트 한다.

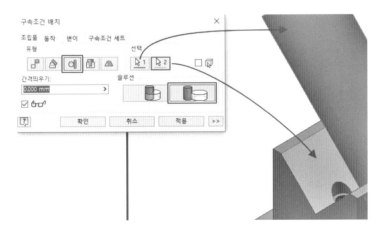

② v블록 v홈 이면에 공작물을 접선 메이트 한다.

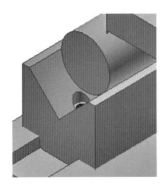

③ 공작물 앞면과 v블록 앞면을 5mm 거리값을 주고 메이트 한다.

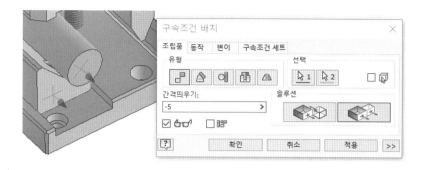

④ 조립이 완성되었다.

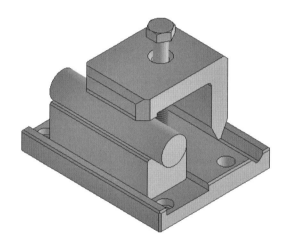

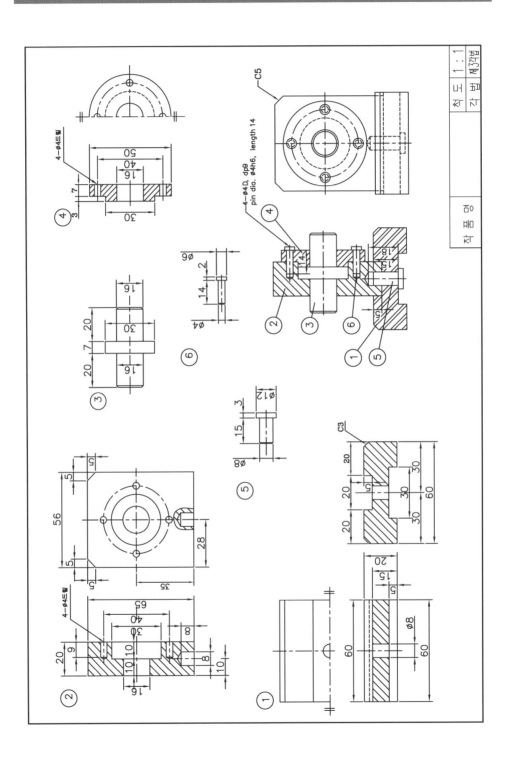

PART

06

Inventor 도면

1. 도면 준비하기

1) 3D 형상 모델링의 도면

도면을 작성하려면 템플릿을 열고, 원하는 대로 형식을 지정한 다음 도면 뷰를 작성하고 주석을 추가한다. 작업을 마치면 도면을 인쇄할 수 있다.

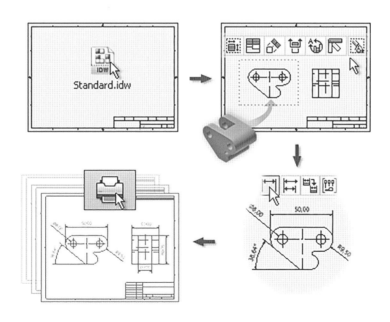

3D 형상 모델링에서 도면은 직접 작성이 아닌 파트 모델링이나 어셈블리 도면창에서 열고 배치하여 주석(치수 기입)을 첨가하는 방식으로 되어 있다.

도면창에서 불러들인 부품의 형상은 도면에서 수정할 수 없으며 수정을 원한다면 해당 파트 파일이나 어셈블리 파일을 열어 수정하고 저장하여 도면에 적용될 수 있도록 한다.

또한, 도면을 작업하기 전에 미리 정의된 템플릿 또는 규칙과 표준 요소를 통합하는 사용자 템플릿 파일이 있어야 한다. 기본 템플릿은 Standard.idw로, 사용자화할 수 있다. 시트, 경계 또는 제목 블록 형식을 사용자화하고 제도 표준 및 주석 스타일을 편집하여 도면의 형식을 지정할 수 있다.

도면의 전부 또는 일부를 인쇄할 수 있다. IDW, 2D DWF 및 DWG 파일을 인쇄, 변환할 수 있다.

2) 인벤터 도면을 하기 전에 프로젝트 옵션을 수정한다

프로젝트 옵션을 수정할 때는 모든 인벤터 작업창이 닫혀져 있어야지만 수정이 가능하다.

스타일 라이브러리 사용을 우클릭하여 읽기 전용을 읽기-쓰기로 변경한다. '스타일 라이브러리'는 도면 설정과 관련된 옵션이다. 읽기 전용으로 되어 있으면, 설정이 저장되지 않고 현재 작업에서만 적용된다.

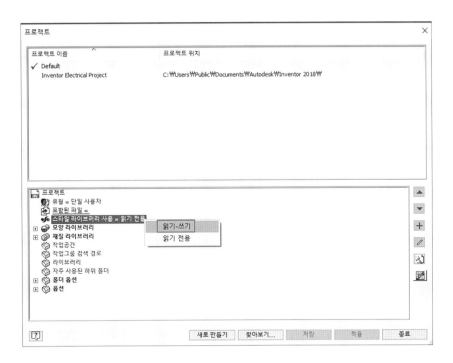

* 스타일 라이브러리 읽기-쓰기 변경 후 옵션 편집을 하면 복원되지 않으며, 모든 도면 파일에 적용되니 신중하게 편집해야 한다.

새로 만들기에서 standard.idw를 선택하여 도면을 시작한다.

2. 도면 인터페이스

도면 리본 명령에 대해 알아본다.

1) 뷰 배치

파트나 조립품을 불러내어 배치하여 편집

2) 주석

치수 기입 관련

3) 스케치

도면에 스케치를 작성

4) 도구

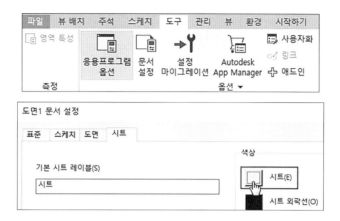

도구 - 문서 설정 - 시트 - 색상에서 시트 항목에 색을 선택하면 기본 아이보리색상
에서 다른 색으로 변경할 수 있다.

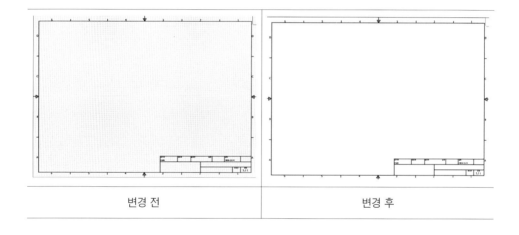

| 변경 전 | 변경 후 |

5) 관리

스타일 편집기를 사용하여 주석 옵션을 수정

6) 모형

① 도면 자원: 인벤터에서 기본으로 제공되고 있는 작업 자원
　이다. 도면 자원에 있는 내용을 시트에 삽입할 수 있다.
② 시트: 현재 화면에 보여지고 있는 작업창

3. 도면 템플릿 작성하기

1) 시트 설정하기

(1) 시트를 우클릭하여 시트 편집을 클릭한다.

(2) 시트를 편집할 수 있다.

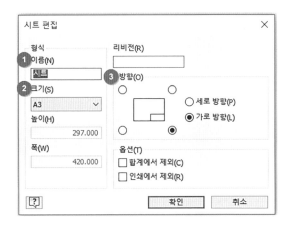

① 이름: 시트의 이름을 재정의한다.

② 크기: 시트의 용지 크기를 변경할 수 있다 - 현재 A3로 설정한다.

③ 방향: 제목 블록의 방향을 설정한다.

스케치에서 제목 블록을 아무 위치에 작성하여도 시트 편집의 방향에 설정한대로 위치된다.

2) 템플릿 작성하기

인벤터 용어 - 기본 경계: 윤곽선, ISO(제목 블록): 제목

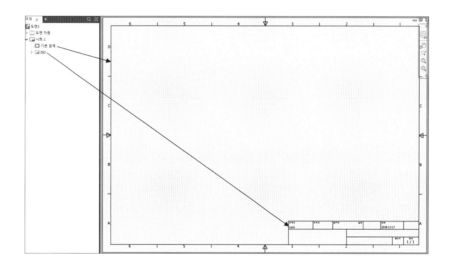

(1) 기본 경계, ISO(제목 블럭) 2개를 삭제한다.

(2) 도면 자원에 있는 경계와 제목 블록에 새 이름으로 사용자에 맞는 경계와 제목 블럭을 작성한다.

① 도면 자원에서 경계를 우클릭하여 '새 경계 정의'를 클릭한다.

② 스케치 인터페이스로 변경된 것을 확인하고 아래와 같이 경계를 스케치한다.

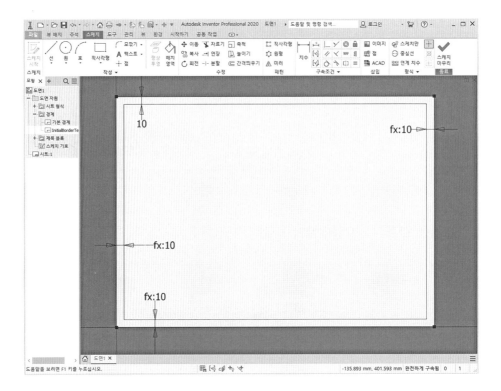

③ 스케치 마무리를 클릭 후 새 경계 이름을 작성한다.

④ 도면 자원 경계 폴더에 새로 만들어 준 경계가 추
가되었다.

⑤ 새로 만들어준 경계를 현재 시트에 추가한다.
새로 만들어 준 경계를 우클릭하여 삽입을 클릭한다.

⑥ 도면 자원의 제목 블록을 우클릭하여 '새
제목 블록 정의'를 클릭한다.

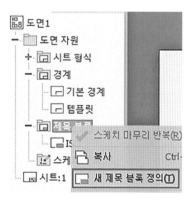

⑦ 스케치 인터페이스에서 아래와 같이 표를 작성한다.

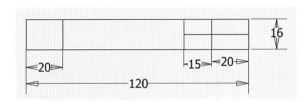

글씨 정렬을 위해 아래와 같이 사선으로 선을 그어준다.

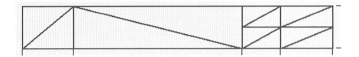

정렬 사선이 스케치 인터페이스에서만 보여질 수 있도록 사선을 모두 선택 후 '스케치만'을 클릭한다.

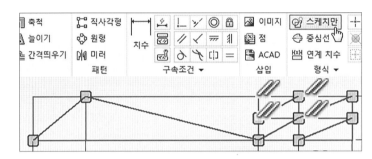

글씨를 작성하기 위해 텍스트 명령을 실행 후 적절한 옵션을 사용하여 글씨 를 작성한다.

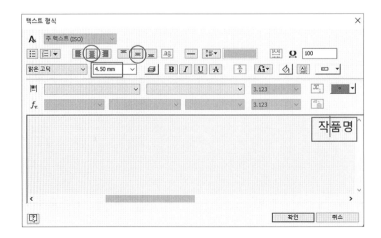

일치 명령을 사용하여 글씨와 사선의 중간점을 일치시켜 준다.

아래와 같이 작성한다.

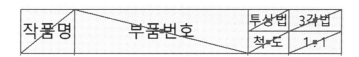

⑧ 파트 파일의 파일명을 도면에 그대로 불러오기 위
해 다음과 같이 설정한다. 부품번호 글씨를 클릭
하여 '텍스트 편집'을 선택한다.

아래와 같이 유형: **특성 - 도면**, 특성: **부품번호**로 변경하고, **텍스트 매개변수 추
가**를 클릭한다.

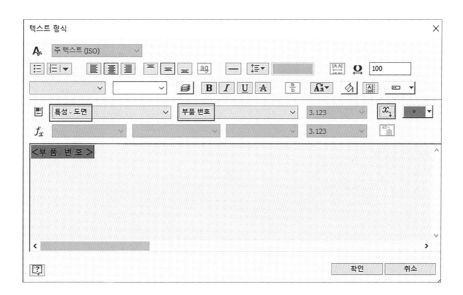

⑨ 스케치 마무리를 클릭 후 제목 블럭에 이름을 작성하고 저장한다.

⑩ 새로 만들어 준 제목 블록을 현재 시트에 추가한다.

새로 만들어 준 제목 블록을 우클릭하여 삽입을 클릭한다.

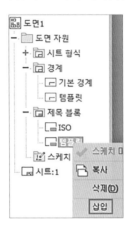

4. 도면 설정하기

도면 설정은 변경사항이 매우 많을 수 있으니 도면 작업하면서 변경해 주는 것을
권장한다. 기본적인 사항만 변경하도록 한다.

관리 탭에서 '스타일 편집기'를 선택한다.

일반 탭에서 십진 표식기를 마침표로 변경한다.

뷰 기본 설정에서 투영 유형을 삼각법으로 변경한다.

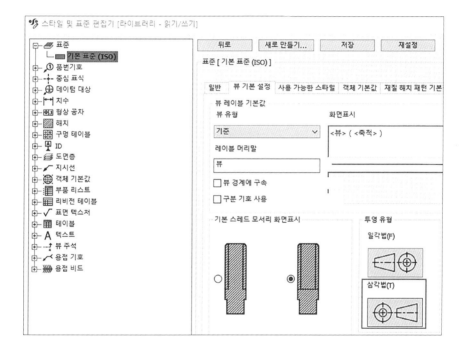

치수의 기본값에서 단위 탭을 선택 후 아래와 같이 변경한다.

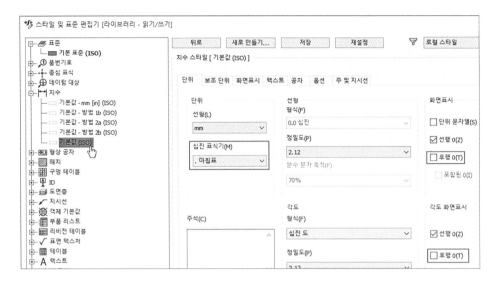

화면 표시에서 아래와 같이 설정한다.

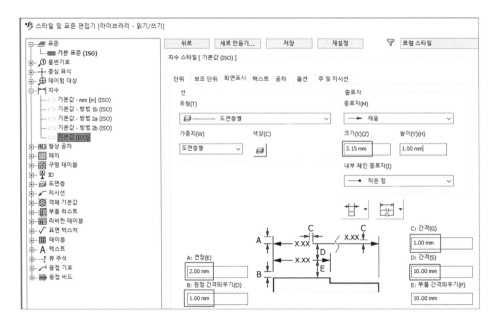

저장 버튼을 클릭하여 설정을 저장한다.

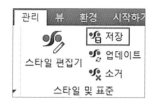

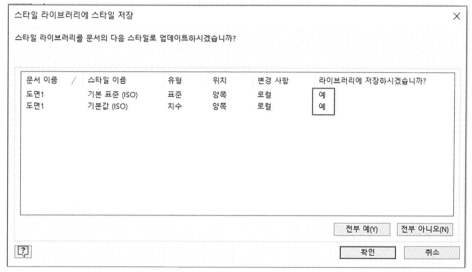

위와 같은 방식으로 저장하게 되면 모든 도면 파일에 적용되고, 복원되지 않으니 신중하게 저장한다.

1) 템플릿 저장

① 파일 탭 - 다른 이름으로 저장 - 템플릿 사본 저장

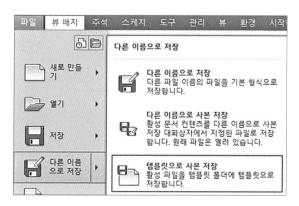

② 템플릿 파일명을 작성한다.

템플릿은 반드시 템플릿 사본 저장에 표시되는 위치에 있어야 한다.

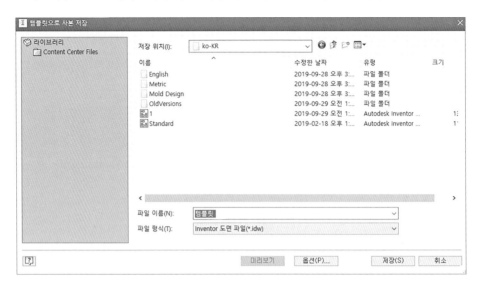

새 파일 작성을 클릭하면 저장된 템플릿이 있음을 확인할 수 있다.

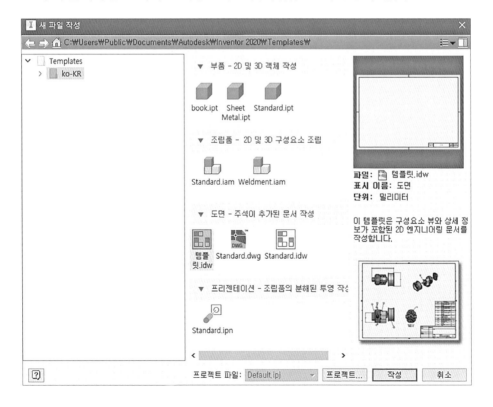

5. 도면 시작하기

1) 뷰 배치

(1) 기준

도면 작업할 파트 혹은 어셈블리를 불러온다.

파일 열기를 클릭하여 도면 작업할 파일을 열게 되면 도

면에 배치 미리 보기와 뷰박스가 나타난다.

뷰박스를 통해 원하는 배치를 작성하도록 한다.

① 스타일: 불러오는 파
트의 비주얼 스타일
을 변경할 수 있다.

② 링크: 기준 면으로부
터 링크 관계이다.

③ 축척: 배치하는 부품
의 축척을 변경할 수
있다.

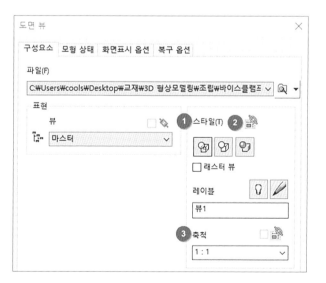

(2) 투영

기준 뷰에서 직교 뷰나 등각 투영 뷰를 작성할 수 있다.

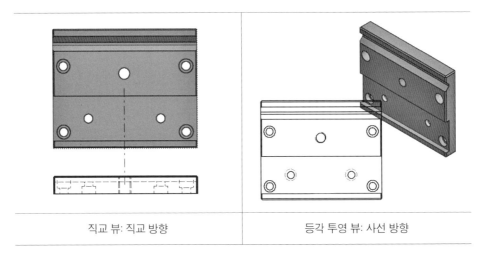

| 직교 뷰: 직교 방향 | 등각 투영 뷰: 사선 방향 |

(3) 보조

사용자가 지정하는 모서리에 직교한 뷰를 작성할 수 있다.

① 보조 명령 후, 기준 뷰를 선택한다.

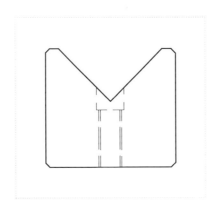

② 직교 뷰를 생성하게 될 기준 뷰의 모서리를 선택 후 배치한다.

　　비주얼 스타일, 축척 등 변경할 수 있다.

 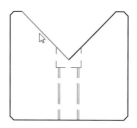

사선의 직교 뷰도 배치할 수 있다.

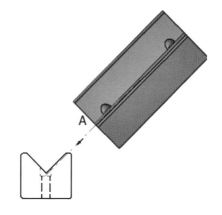

(4) 단면

① 단면 명령어 실행 후 단면 적용할 기준 뷰를 선
택한다.

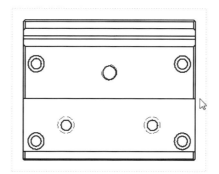

② 단면선 작성 후 우클릭하여 '계속'을 클릭한다.

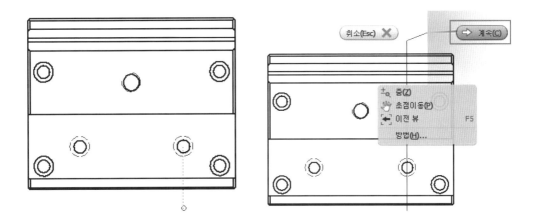

③ 단면 뷰를 좌우로 움직여 단면 방향을 정해 주고 배치할 위치에 클릭한다.
그 외에 옵션을 변경할 수 있다.

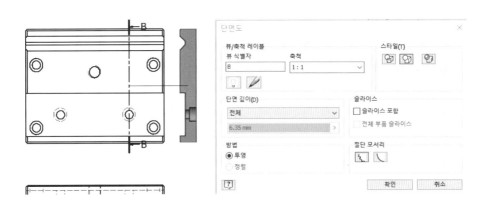

④ 단면 뷰 작성

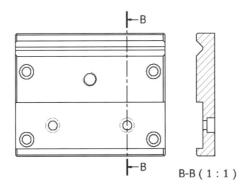

B-B (1 : 1)

⑤ 계단 단면도: 단면도 명령 선택 - 기준 뷰 선택 - 단면선 작성 시에 계단 단면
   선을 작성한다.

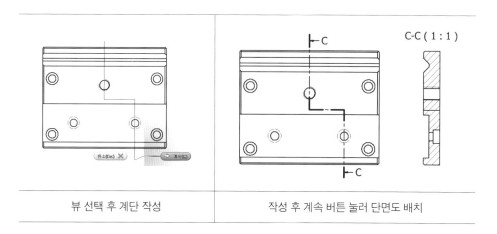

| 뷰 선택 후 계단 작성 | 작성 후 계속 버튼 눌러 단면도 배치 |

(5) 상세

상세 명령 선택 - 기준 뷰 선택 - 상세될 울타리 중심점 선택 - 원
작성 - 상세도 배치할 위치 선택

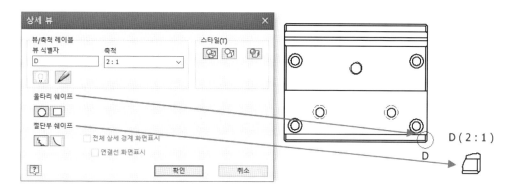

(6) 끊기

파단 뷰 작성　**끊기**

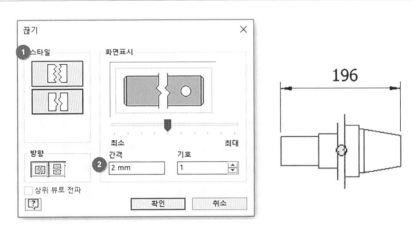

일반 뷰	파단 뷰

① 스타일: 파단선의 스타일을 결정한다.

② 간격: 파단선 간의 간격을 작성한다.

　* 파단선 이동: 명령어 종료 후 파단선을 클릭하여 초록색 이동점이 생기면 클릭 후 파단선을 이동한다.

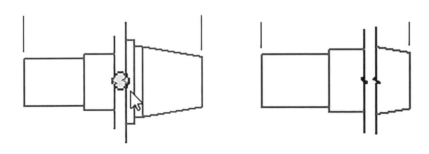

(7) 브레이크 아웃

브레이크 아웃

사용자가 스케치한 루프의 부분 단면도를 작성할 수 있다.

* 명령어 사용 전 반드시 스케치가 작성되어 있어야 하며, 스케치 작성은 기준 뷰를 선택 후 '스케치 시작'을 하여 적합한 스케치가 작성되도록 한다.

① 뷰 선택 후 스케치 시작

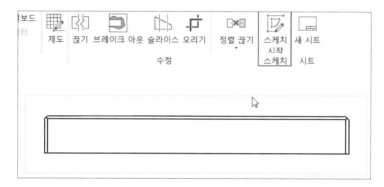

② 타원이나 스플라인을 이용하여 부분 단면할 영역을 스케치한다. 반드시 루프 형상이어야 한다.

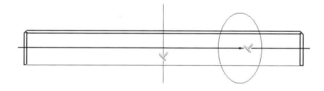

③ 브레이크 아웃 명령을 실행하고 기준 뷰 선택 후 시작점을 클릭한다.

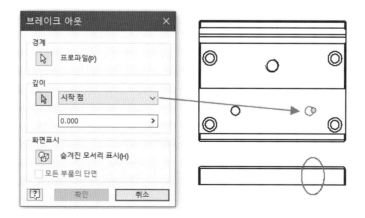

④ 브레이크 아웃 뷰가 작성되었다.

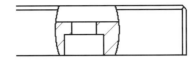

(8) 오리기

오리기

정의된 경계로 도면 뷰를 자른다.

다음 뷰 유형을 제외한 기존 뷰에서 오리기 작업을 수행할 수 있다.

- 뷰 파단(파단 뷰)이 포함된 뷰
- 오버레이가 포함된 뷰
- 억제된 뷰(Inventor LT에서는 사용할 수 없음)
- 이미 오린 뷰

오린 뷰에서 다음 뷰 작업을 수행할 수 있다.

- 브레이크 아웃 뷰
- 상세 뷰
- 슬라이스 작업

① 오리기 명령 선택 후 해당 뷰를 선택한다.

② 오리기 할 사각형을 작성한다. 왼쪽 상단에서 오른쪽 하단으로 클릭하여 생성

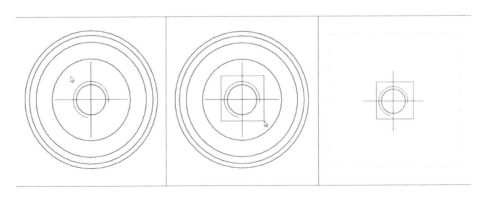

③ 오리기 한 절단선이 보여지지 않기 위해 오리기 절단선 화면 표시를 해제한다.

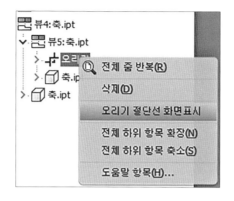

(9) 정렬 끊기

각 뷰를 정렬하거나 정렬 해제할 수 있다.

① 수평: 정렬되어 있지 않은 뷰를 수평으로 정렬

② 수직: 정렬되어 있지 않은 뷰를 수직으로 정렬

③ 위치 내: 정렬되어 있지 않은 뷰를 사용자가 원하는 위치로 정렬

④ 정렬 끊기: 정렬되어 있는 뷰의 정렬을 끊고 자유롭게 움직일 수 있다.

① 정렬되어 있는 뷰 정렬 끊기

정렬 끊기 명령 선택 후 정렬 해제할 뷰를 선택

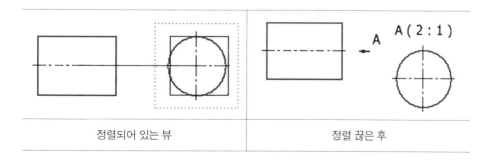

정렬되어 있는 뷰	정렬 끊은 후

② 정렬되어 있지 않는 뷰 정렬하기

수평(혹은 수직) 명령을 선택 후 정렬한 뷰를 하나씩 클릭

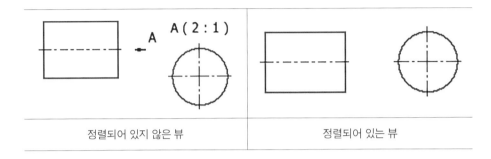

정렬되어 있지 않은 뷰	정렬되어 있는 뷰

6. 도면 작업하기

1) 베이스 도면 작성하기

(1) 배치 명령 후 베이스.ipt 파일을 불러온다.

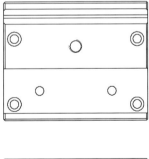

(2) 투영 명령 후 기준뷰에 수평한(우측면도) 뷰를 작성한다.

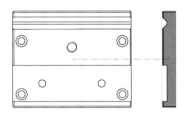

(3) 자동화된 중심선

기준 뷰를 선택 후 우클릭하여 자동화된 중심선을 선택한다.

① 구멍: 도시되어 있는 구멍에 중
  심선 작성
② 모깎기: 도시되어 있는 모깎기
  (라운드, 필렛)에 중심선 작성
③ 원통: 도시화되어 있는 원통형
  피처에 중심선 작성
④ 회전: 도시화 되어 있는 회전 피
  처에 중심선 작성
⑤ 축의 수직: 축에 수직하게 도시
  화 되어 있는 구멍 중심선 작성
⑥ 축의 평행: 축에 수평하게 도시화 되어 있는 구멍 중심선 작성

(4) 상세 뷰 작성

v홈에 상세 뷰를 작성한다.

① 상세 명령 후 우측면도 선택 후 v홈 부분을 지정한다.

상세뷰 작성 완료 후 상세 뷰를 클릭하면 이동이나 확대/축소할 수 있는 점 (**그립**)이 생성된다. 가운데 있는 점을 클릭하고 드래그하면 이동이 가능하고, 그 외에 점들은 확대/축소된다.

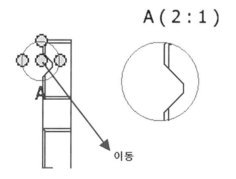

(5) 부분 단면도 작성

① 뷰 선택 후 스케치 시작

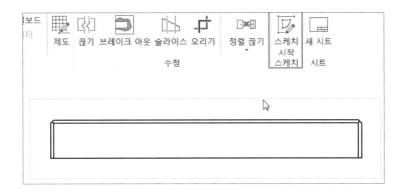

② 타원이나 스플라인을 이용하여 부분 단면할 영역을 스케치한다. 반드시 루프 형상이어야 한다.

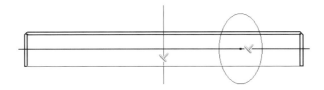

③ 브레이크 아웃 명령을 실행하고 기준 뷰 선택 후 시작점을 클릭한다.

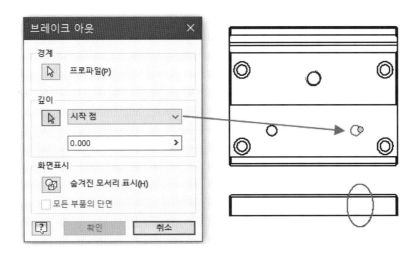

④ 브레이크 아웃 뷰가 작성되었다.

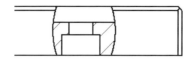

(6) 중심선 기입

자동화 중심선으로 작성되지 않는 중심선을 작성한다. 중심선은 주석 탭에 있다.

① 중심 표식

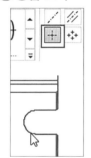

② 중심선 이등분

명령 클릭 후 이등분할 두 선분을 선택한다.

명령 종료 후 중심선을 연장할 수 있는 그립점을 클릭하여 연장한다.

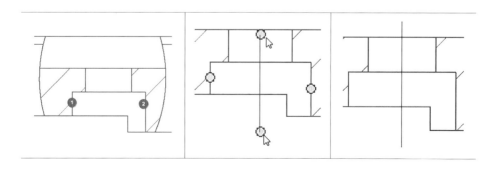

(7) 주석의 치수 명령으로 아래와 같이 지시한다.

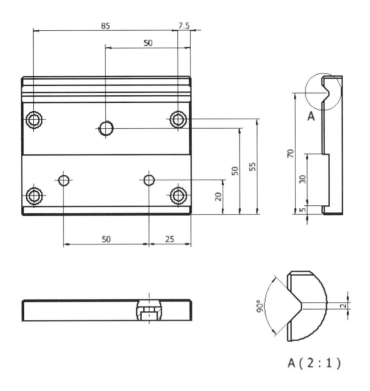

A (2 : 1)

(8) 구멍 치수 기입하기

주석의 구멍 및 스레드 명령을 이용하여 구멍에 치수를 기입한다.

① 명령 선택 후 도면의 탭과 카운트 보어를 클릭하여 치수 기입한다.

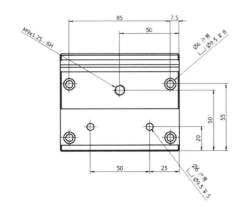

② 지시선 스타일을 변경하기 위하여 치수를 우클릭하여 구멍 지시선 스타일을 변경한다.

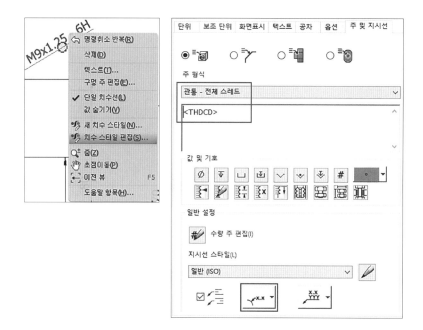

③ 구멍 지시선 스타일이 변경되었다.

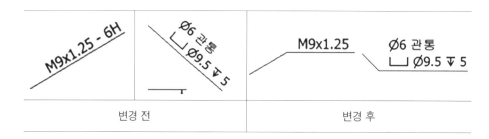

변경 전	변경 후

④ 카운트 보어 자동 치수 문자를 변경한다.

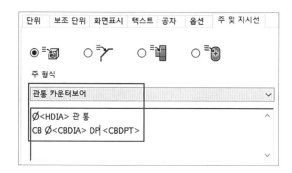

⑤ 치수를 더블클릭하여 수정할 수 있다.

(9) 모따기 치수를 작성한다.

(10) 데이텀을 작성한다.

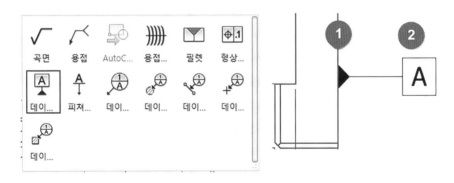

(11) 형상 공차를 작성한다.

형상 공차를 작성할 위치에 아래 그림처럼 차례로 클릭하고 배치가 완료되면
우클릭하여 계속 버튼을 클릭한다.

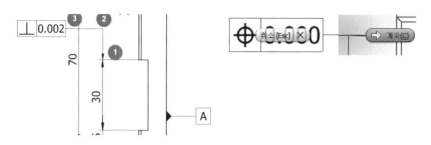

아래와 같이 내용을 입력하고 확인 버튼을 누른다.

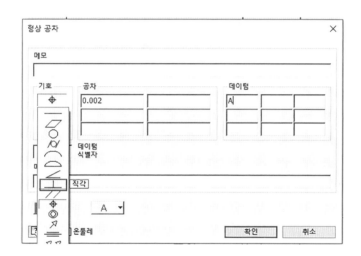

형상 공차가 작성되었다.

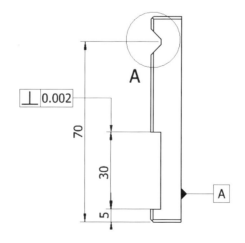

(12) 가공 거칠기 작성하기

가공 거칠기를 작성하기 전 스타일 편집기에서 옵션 편집을 한다.

① 텍스트 추가

가공 거칠기 기호를 만들기 위해 텍스트를 추가한다. 스타일 편집기 명령 실행 후 텍스트 폴더에서 주 텍스트 우클릭하여 새 스타일을 추가한다.

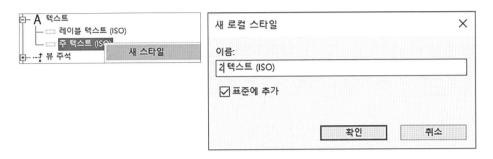

새 스타일 이름을 작성 후 글씨 크기를 변경한다(텍스트 높이: 2mm).

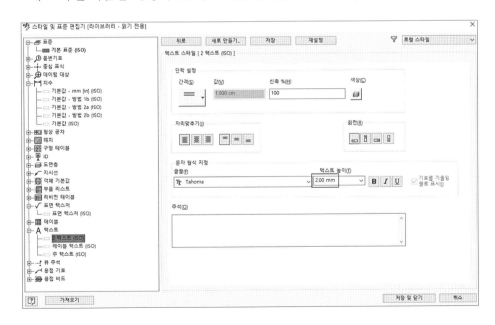

② 가공 거칠기 옵션

텍스트 스타일을 방금 새로 작성한 2mm 텍스트로 변경하고 표준 참조도 아래 그림과 같이 변경한다.

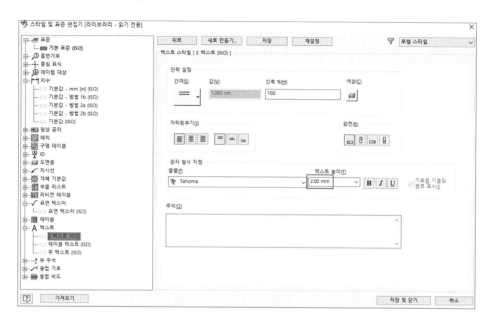

③ 도면에 가공 거칠기 적용하기

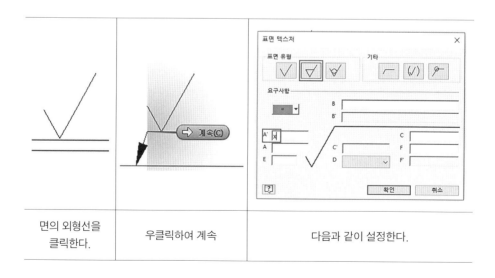

면의 외형선을 클릭한다.	우클릭하여 계속	다음과 같이 설정한다.

(13) 치수 공차 작성하기

공차를 적용할 치수를 더블클릭하여 치수 문자 수정할 수 있도록 한다.

① 치수 문자 편집

아래와 같이 치수 문자를 편집할 수 있으며, 특수문자를 클릭하여 치수 문자에 삽입할 수 있다. 문자를 삭제하려면 '치수값 숨기기'를 체크한다.

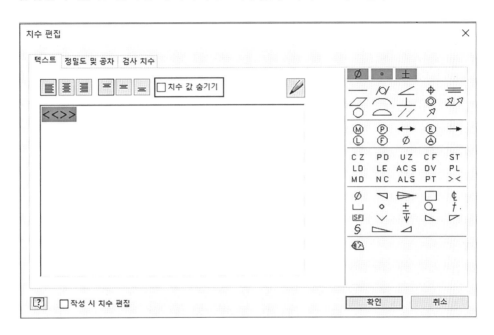

② 정밀도 및 공차

다음과 같이 변경할 수 있으며 기본값부터 하나씩 클릭하여 치수 미리 보기를 확인한다.

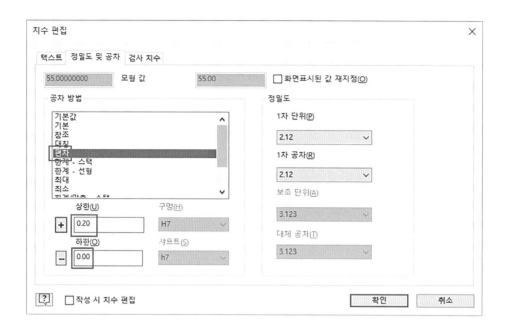

③ 공차 스타일 변경하기

공차 스타일이 적당하지 않아 변경하여야 한다.

치수를 우클릭하여 치수 스타일 편집을 클릭한다.

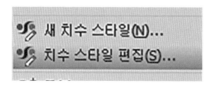

- 텍스트에서 공차 텍스트 스타일 글씨 크기를 치수 문자보다 0.5배로 설정한다.

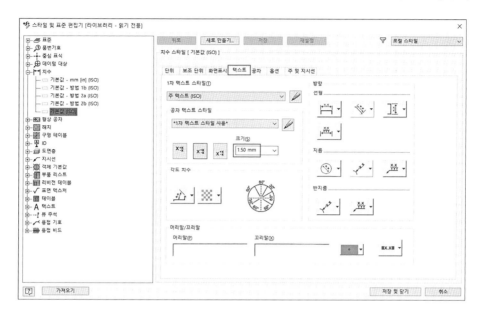

- 공차 탭에서 공차 표시 옵션: 후행 0 없음, 기호 없음. 1차 표시단위 후행 체
  크 해제로 설정한다.

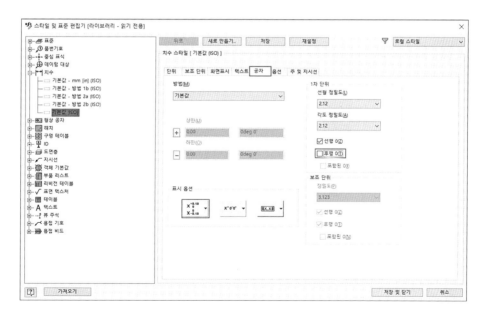

공차가 변경되었다.

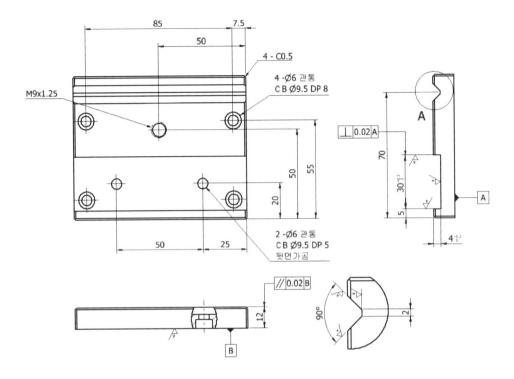

2) 축 도면 작성하기

(1) 기준과 투영 명령어를 이용하여 아래와 같이 축을 배치한다.

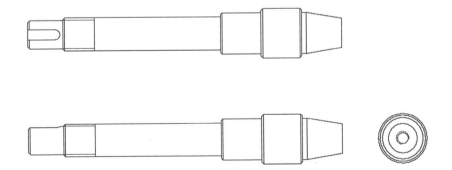

(2) 중심선과 중심 표식 명령을 이용하여 아래와 같이 작성한다.

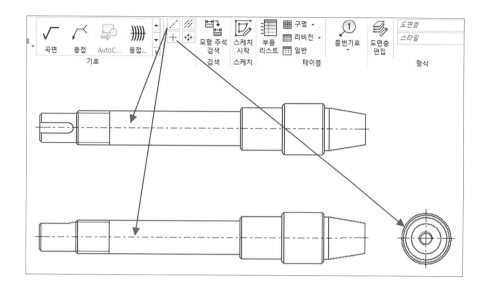

(3) 키 홈 부분 단면도를 작성한다.

① 정면도 뷰를 선택하고 '스케치 시작'을 실행한다.

② 스플라인을 이용하여 부분 단면할 영역을 작성한다. 반드시 루프여야 한다.
   작성이 끝나면 스케치 마무리한다.

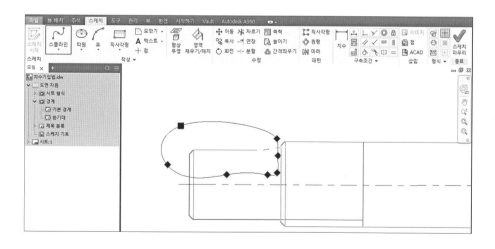

③ 브레이크 아웃을 선택하고 정면도 뷰를 선택한다.

프로파일은 자동 선택되어 있거나 자동 선택이 안 되면 스케치에서 작성하였던 루프를 클릭한다. 시작점은 축 끝단 외형선의 중심점을 클릭한다.

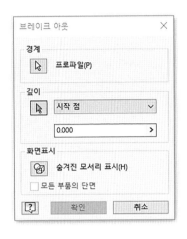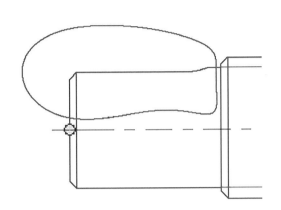

④ 부분 단면도를 작성한다.

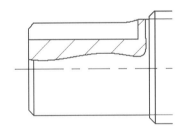

(4) 평면도 생략하여 작성하기 - 오리기 명령 사용

① 오리기 명령을 선택 후 평면도를 클릭한다.

② 키 홈 평면도 부근을 드래그하여 작성한다.

* 중심선이 있으면 오리기 명령이 실행이 안 될 수 있으니 미리 삭제한다.

(5) 반단면도 작성하기

우측면도를 반단면도로 작성한다.

① 오리기 명령을 사용하여 우측면도 뷰를 선택하고 남겨질 부분을 드래그하여 설정한다.

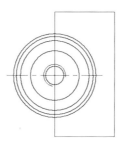

② 오리기 절단면을 화면에 표시하지 않기 위해 모형에서 축 - 오리기 우클릭하여 오리기 절단면 화면 표시를 해제한다.

③ 오리기가 완성되었다.

(6) 치수 기입하기

① 체인(연속 치수 기입) 명령을 사용하기 전에 기준 치수를 기입한다.

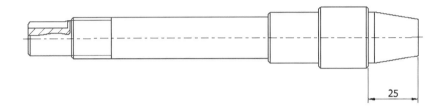

② 체인 명령을 실행 후 ①에서 작성하였던 기준 치
수를 클릭한다.

③ 축, 길이, 방향, 외형선을 차례로 클릭한다.

④ 클릭이 끝나면 화면 빈 곳에 우클릭하여 계속을
클릭한다.

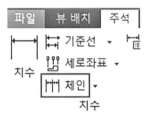

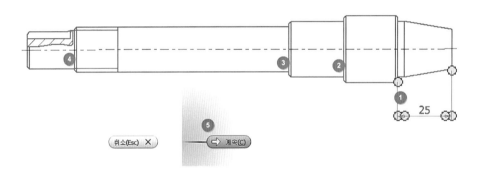

⑤ 미리 보기가 확인되었으면 다시 우클릭하여 작성을 클릭한다.

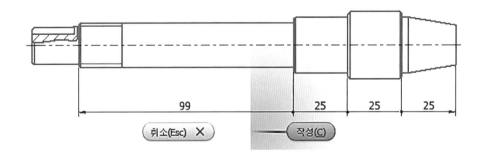

⑥ 아래와 같이 치수 기입한다.

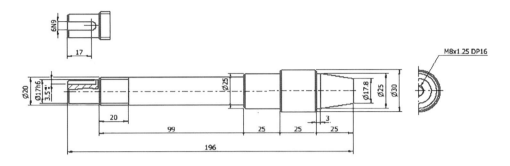

⑦ 표면 거칠기를 작성한다.

한 개만 작성하고 복사하기 - 붙여넣기로 작성한다.

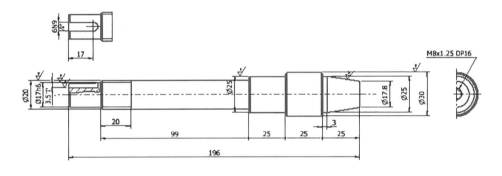

⑧ 데이텀을 작성한다.

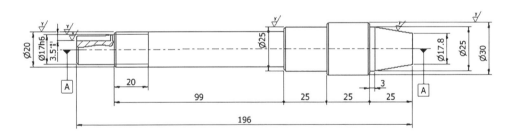

데이텀 스타일 편집기에서 계단 모양 허용을 체크 해제한다.

⑨ 기하 공차를 작성한다.

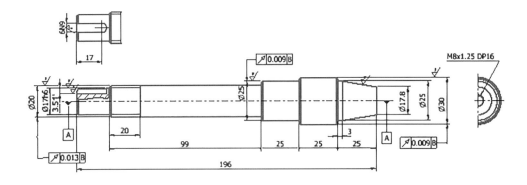

7. 도면 수정하기

1) 부품 수정하기

(1) 파트 열어 수정하기

도면에서 부품을 수정할 수 없고 파트창에서 수정하여 도면에 적용되도록 한다.
수정하고 싶은 뷰를 선택 후 우클릭하여 열기를 클릭한다.

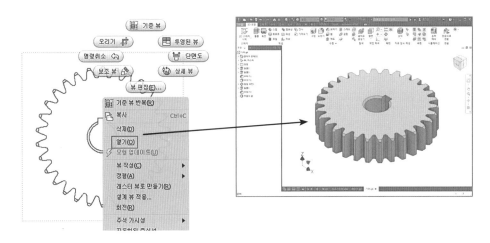

(2) 파트를 수정하면 도면에 자동 적용된다.

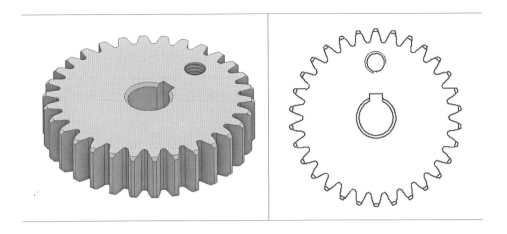

2) 외형선 숨기기

도면에서 외형선을 삭제할 수 없으나 숨기기는 할 수 있다.
숨기고 싶은 외형선을 클릭 후 우클릭하여 가시성을 체크 해제한다.

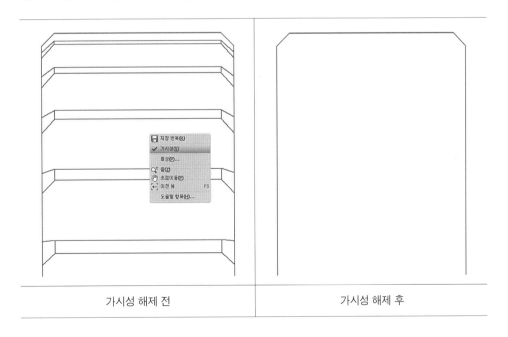

| 가시성 해제 전 | 가시성 해제 후 |

8. 도면 출력하기

① 파일 탭에서 인쇄 - 인쇄를 클릭한다.

② 프린터에서 사용자의 프린터기나 pdf로 출력할 수 있다.

설정에서 모든 색상을 검은색으로를 체크하고 축척은 1:1로 하여 인쇄한다.

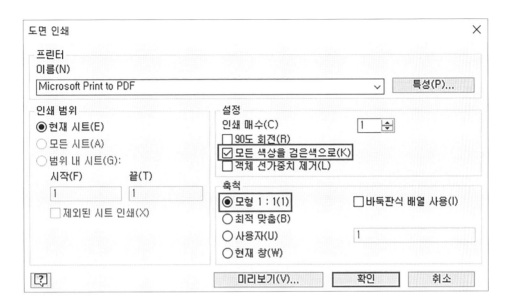

1) AutoCAD로 변환하기

① 파일 - 내보내기 - DWG로 내보내기를 선택한다.

② 다른 이름으로 저장창에서 반드시 파일 형식을 AutoCAD DWG(*.dwg)로 변경한다. 옵션을 클릭한다.

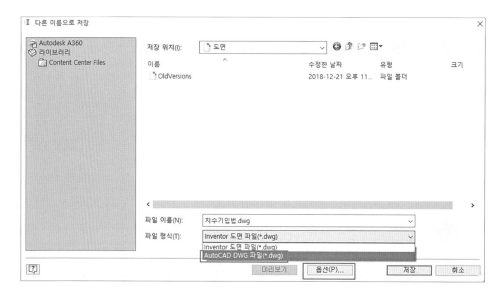

③ 파일 버전을 사용자에 맞게 설정 후 다음을 눌러준다.

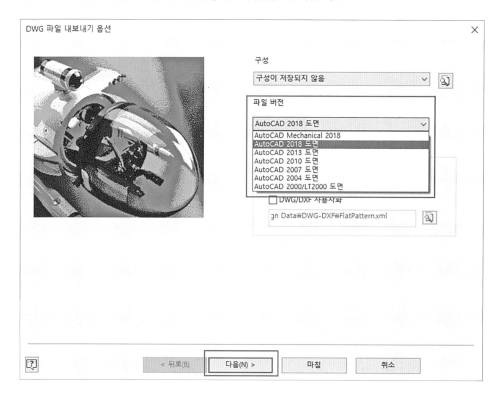

④ 아래와 같이 설정한 뒤에 마침을 하여 .dwg 파일을 생성한다.

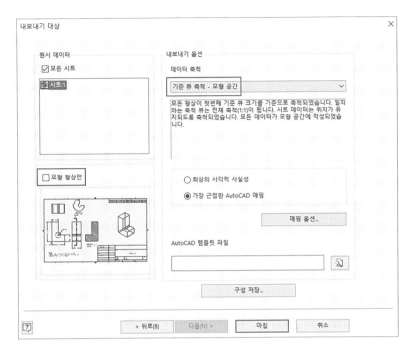

⑤ dwg 파일이 생성

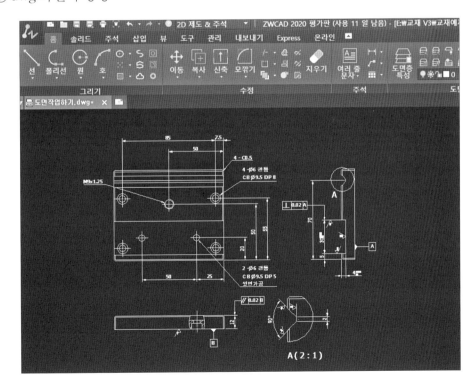

9. 연습 과제

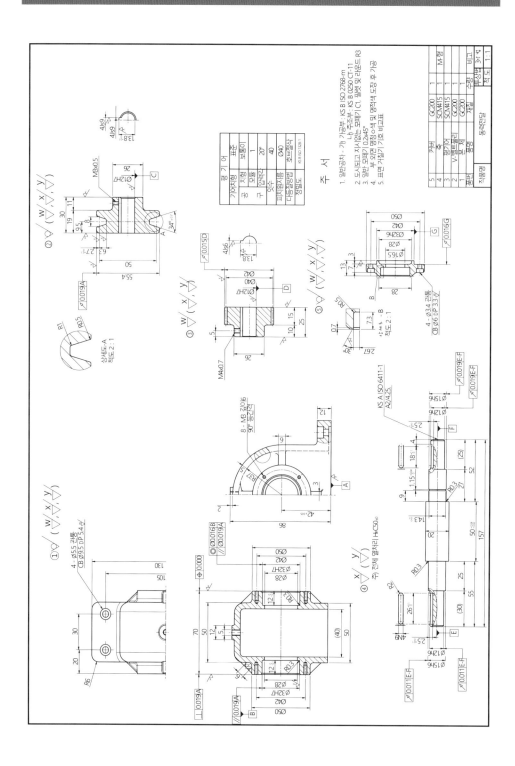

참고문헌

이경준 / CAD(AutoCAD)실기 / 한국산업인력공단 / 2014년.
조성일, 노수황, 민경훈 / Autodesk Inventor 2014 Basic for Engineer / 메카피아 / 2013년
Autodesk Inventor 도움말 2020 (온라인 도움말, https://help.autodesk.com/view/INVNTOR/2020/KOR/)

형상 모델링을 위한

3D CAD INVENTOR 2020

| 2020년 | 2월 | 27일 | 1판 | 1쇄 | 인 쇄 |
| 2020년 | 3월 | 5일 | 1판 | 1쇄 | 발 행 |

지 은 이 : 안아인, 박성용

펴 낸 이 : 박   정   태

펴 낸 곳 : **광   문   각**

10881
경기도 파주시 파주출판문화도시 광인사길 161
광문각 B/D 4층
등   록 : 1991. 5. 31 제12 - 484호
전 화(代) : 031-955-8787
팩   스 : 031-955-3730
E - mail : kwangmk7@hanmail.net
홈페이지 : www.kwangmoonkag.co.kr

ISBN : 978-89-7093-984-1   93560

값 : 19,000원

한국과학기술출판협회회원

* 따라하기, 연습 과제 등 교재에 대한 문의는
  저자 안아인(funmecha@naver.com) 또는 광문각(kwangmk7@hanmail.net)으로 해주십시오.